Nachtrag I

zur

Stations-Statistik

der

Preußischen Staatseisenbahnen

(Aenderungen bis zum 1. April 1893 umfassend).

Die auf den Seiten 960—966 der Stations-Statistik angegebenen, während des Druckes eingetretenen Aenderungen sind nachstehend mit aufgenommen.

Herausgegeben

im

Ministerium der öffentlichen Arbeiten

nach den Angaben

der

Königlichen Eisenbahn-Direktionen.

Springer-Verlag Berlin Heidelberg GmbH
1893

ISBN 978-3-662-33491-1   ISBN 978-3-662-33889-6 (eBook)
DOI 10.1007/978-3-662-33889-6

I. Neu eröffnete

Station (Namen, Rangklasse, Einwohnerzahl)	Die Station liegt an der Bahnstrecke von	bis	Direktion	Betriebsamt	Bau-Inspektion	Stationskassen	Fahrkarten-Ausgabestellen	Gepäck-Abfertigungsstellen	Eilgut-Abfertigungsstellen	Güter-Abfertigungsstellen	Serviskasse	Werkstätten	Materialien-Niederlagen	Desinfektions-Anstalten	Fettgas-Anstalten	Wasserstationen	Lokomotiv-Drehscheiben	Stände	Stationirte Lokomotiven	Weichen	Feste Rampen	Lastkähne nebst ihrem Hebegewicht	Gleiswaagen	Privatanschlüsse
Aligse Haltep. f. P. 924 E.	Lehrte	Harburg	Hannover	Harburg	Uelzen	·	·	·	·	·	V	·	·	·	·	·	·	·	·	·	·	·	·	·
Alt-Mädewitz* Haltep. f. P. 308 E.	Wriezen	Jädickendorf	Berlin	Stettin (Berlin-Stettin)	Freienwalde a. O.	·	·	·	·	·	V	·	·	·	·	·	·	·	·	·	·	·	·	·
Alt-Reetz* Haltest. f. P. u. G. 527 E.	Wriezen	Jädickendorf	Berlin	Stettin (Berlin-Stettin)	Freienwalde a. O.	·	·	·	·	·	V	·	·	·	·	·	·	·	·	8	1	·	·	·
Alt-Tessin* Haltep. f. P. 460 E.	Alt-Damm	Wollin	Bromberg	Stettin (Stettin-Danzig)	Stettin	·	·	·	·	·	V	·	·	·	·	·	·	·	·	·	·	·	·	·
Amtitz Haltep. f. P. 472 E.	Guben	Sommerfeld	Berlin	Berlin (Berlin-Sommerfeld)	Frankfurt a. O. II	·	·	·	·	·	V	·	·	·	·	·	·	·	·	·	·	·	·	·
Arnimswalde* Haltep. f. P. 500 E.	Alt-Damm	Gollnow	Bromberg	Stettin (Stettin-Danzig)	Stettin	·	·	·	·	·	V	·	·	·	·	·	·	·	·	·	·	·	·	·
Ashausen Haltep. f. P. 440 E.	Lehrte	Harburg	Hannover	Harburg	Uelzen	·	·	·	·	·	V	·	·	·	·	·	·	·	·	·	·	·	·	·
Behrensen Haltest. f. P. 247 E.	Hameln	Elze	Hannover	Hannover (Hannover-Altenbeken)	Hameln	·	·	·	·	·	V	·	·	·	·	·	·	·	·	·	·	·	·	·
(Brunsbüttel) Bhf. 3. Kl. 1552 E.	St. Margarethen	Brunsbüttel	Altona	Glückstadt	Glückstadt	·	·	·	·	·	V	·	·	·	·	1	1	2	·	14	2	·	·	·
Buchhorst Haltest. f. G. 120 E.	Oebisfelde	Salzwedel	Magdeburg	Berlin (Berlin-Lehrte)	Stendal II	·	·	·	·	·	V	·	·	·	·	·	·	·	·	2	·	·	·	·

Stationen:

22	23	24	25	26	27	28	29	30	31	32	33	34	35
Güter-An und Ab-fuhr. Güter-nebenstellen	Abfertigung ist ausgeschlossen für	Regierungs-Bezirk oder Behörde	Kreis	Bürgermeisterei.	Landgericht	Amtsgericht	Staats- und Amts-Anwaltschaft	Handelskammer-Bezirk	Militär-Bezirk	Postbehörde	Zoll- oder Steuerbehörde	Fabriken und größere gewerbliche Anlagen	Angrenzende wichtigere für den Eisenbahnverkehr in Betracht kommende Ortschaften. Entfernung von der Station
		Lüne-burg	Burg-dorf	Aligse	Hildes-heim	Burg-dorf	St Hildes-heim A Burg-dorf	Han-nover	Celle				Steinwedel 1 km (L), Röddensen 2 km (Ch), Colshorn 2 km (Ch)
		Pots-dam	Ober-barnim	Alt-Mäde-witz	Prenz-lau	Wriezen	St Prenz-lau A Wriezen		Bernau	A			
	Spreng-stoffe	Frank-furt a. O.	Königs-berg N.-M.	Alt-Reetz	Lands-berg a. W.	Zehden	St Lands-berg a. W. A Zehden		Cüstrin	A			
		Stettin	Cammin i. Pom.		Stettin	Cammin i. Pom.	St Stettin A Cammin i. Pom.	Stet-tin	Nau-gard				
		Frank-furt a. O.	Guben	Amtitz	Guben	Guben	St u. A Guben		Guben	A			
		Stettin	Randow		Stettin	Alt-Damm	St Stettin A Alt-Damm	Stet-tin	Stettin			Eisengießerei, Dampfmühlen	
		Lüne-burg	Winsen a. d. L.	As-hausen	Lüne-burg	Winsen a. d. L.	St Lüne-burg A Winsen a. d. L.	Lüne-burg	Lüne-burg				Scharnebeck 2 km (L), Pattensen 4 km (L), Achterdeich 1 km (Ch), Gehrden 1 km (Ch)
		Hanno-ver	Hameln	Behren	Hanno-ver	Coppen-brügge	St Hanno-ver A Coppen-brügge		Hanno-ver	A			Bisperode 7 km (Ch)
		Schles-wig	Süder-Dith-marschen	Bruns-büttel	Altona	Eddelak	St Altona A Eddelak		Rends-burg				
	Stück-gut, Leichen, Fahr-zeuge, Vieh u. Spreng-...	Magde-burg	Garde-legen	Oebis-felde	Stendal	Oebis-felde	St Stendal A Oebis-felde		Neu-haldens-leben				

1	2		3	4	5	6	7				8	9	10	11	12	13	14	15	16	17	18	19	20	21
Station (Namen, Rangklasse, Einwohnerzahl)	Die Station liegt an der Bahnstrecke		Betriebsleitende (mitbenutzende) Verwaltung		Bau-Inspektion	Stationsklassen	Selbständige Abfertigungsstellen				Servisklasse	Werkstätten	Materialien-Niederlagen	Desinfektions-Anstalten	Fettgas-Anstalten	Wasserstationen	Lokomotiv-Drehscheiben	Lokomotiv-Stände	Stationirte Lokomotiven	Weichen	Feste Rampen	Lastkähne nebst ihrem Hebegewicht	Gleißwaagen	Privatanschlüsse (Anzahl)
	von	bis	Direktion	Betriebsamt			Fahrkarten-Ausgabestellen	Gepäck-Abfertigungsstellen	Eilgut-Abfertigungsstellen	Güter-Abfertigungsstellen														
Bülzig Haltep. f. G. (nur für Anschluß-besitzer) 500 E.	Berlin	Halle	Erfurt	Berlin (Berlin-Halle)	Wittenberg	·	·	·	·	·	V	·	·	·	·	·	·	·	·	·	·	·	·	1
Burlo Haltest. f. G. 10 E.	Bismarck	Winterswyk	Cöln (r.)	Essen	Essen V	·	·	·	·	·	V	·	·	·	·	·	·	·	·	2	·	·	·	·
Butterfelde-Mohrin* Haltest. f. P. u. G. 200 E.	Wriezen	Jädickendorf	Berlin	Stettin (Berlin-Stettin)	Freienwalde a. O.	·	·	·	·	·	V	·	·	·	·	·	·	·	·	6	1	·	·	·
Cammin i. Pom.* Bhf. 3 Kl. 6000 E.	Stettin	Cammin i. Pom.	Bromberg	Stettin (Stettin-Danzig)	Stettin	·	·	·	·	·	III	·	·	·	·	·	·	·	1	11	1	·	·	·
Daufenbach Haltest. f. P. u. G. 32 E.	Cöln	Trier	Cöln (l.)	Trier	Trier II	·	·	·	·	·	V	·	·	·	·	·	·	·	·	6	·	·	·	1
Eckardtsleben* Haltep. f. P. 220 E.	Gotha	Leinefelde	Erfurt	Cassel (Cassel-Erfurt)	Gotha II	·	·	·	·	·	V	·	·	·	·	·	·	·	·	·	·	·	·	·
Frankenhain* Haltest. f. P. u. G. 820 E.	Gotha	Gräfenroda	Erfurt	Cassel (Cassel-Erfurt)	Gotha I	·	·	·	·	·	V	·	·	·	·	·	·	·	·	2	1	·	·	·
Georgenthal-Ort* Haltep. f. P. 843 E.	Georgenthal	Tambach	Erfurt	Cassel (Cassel-Erfurt)	Gotha I	·	·	·	·	·	V	·	·	·	·	·	·	·	·	·	·	·	·	·
Gesundbrunnen (Nordbahn) Haltep. f. P. f. Berlin.	Berlin	Stralsund	Berlin	Stralsund	Berlin	·	·	·	·	·	A	·	·	·	·	·	·	·	·	·	·	·	·	·

22	23	24	25	26	27	28	29	30	31	32	33	34	35
Güter-An- und Ab-fuhr. Güter-neben-stellen	Abfertigung ist ausgeschlossen für	Regierungs-Bezirk oder Behörde	Kreis	Bürgermeisterei	Landgericht	Amtsgericht	Staats- und Amts-Anwaltschaft	Handelskammer-Bezirk	Militär-Bezirk	Postbehörde	Zoll- oder Steuerbehörde	Fabriken und größere gewerbliche Anlagen	Angrenzende wichtigere für den Eisenbahnverkehr in Betracht kommende Ortschaften. Entfernung von der Station
.	Sprengstoffe	Merseburg	Wittenberg	.	Torgau	Wittenberg	St Torgau A Zörnigall	.	Bitterfeld	.	.	Dampfziegeleien, Thonwaarenfabrik	
.	.	Münster	Borken i. W.	Amt Borken-Wirthe	Münster	Borken	St u. A Münster	Münster	Recklinghausen	A	II	Branntweinbrennereien, Holzschuhfabriken	Wesete 4 km (Ch), Oeding 4 km (Ch)
.	Sprengstoffe	Frankfurt a. O.	Königsberg N.-M.	Butterfelde	Landsberg a. W.	Königsberg N.-M.	St Landsberg a. W. A Königsberg N.-M.	.	Cüstrin	A	.	.	Mohrin 3 km (L)
.	.	Stettin	Cammin i. Pom.	.	Stettin	Cammin i. Pom.	St Stettin A Cammin i. Pom.	Stettin	Naugard	P	.	Dampfmühlen, Eisengießerei	
.	Fahrzeuge	Trier (Land)	Trier	Schleidweiler	Trier	Trier	St u. A Trier	Trier	Trier	.	.	Steinhauerei, Holzschneiderei	Ohrenhofen 4 km (L), Schleidweiler 4 km (L)
.	.	Herzth. Sachsen-Coburg-Gotha	Gotha	.	Gotha	Gräfentonna	St Gotha A Gräfentonna	Gotha	Gotha	A	.	.	Aschera 2 km (Ch), Illeben 2 km (Ch)
.	Fahrzeuge, Sprengstoffe	Herzth. Sachsen-Coburg-Gotha	Gotha	Frankenhain	Gotha	Liebenstein	St Gotha A Liebenstein	Gotha	Gotha	A	.	Kienrußfabriken, Mühlsteinbrüche, Faß- u. Pechfabriken	
.	.	Herzth. Sachsen-Coburg-Gotha	Ohrdruf	Georgenthal	Gotha	Ohrdruf	St Gotha A Ohrdruf	Gotha	Gotha	A	.	Dampf- und Wassersägewerke, Transportwagenfabrik	Herrenhof 1 km (Ch), Hohenkirchen 2 km (Ch), Neuendorf 2 km (Ch)
.	.	Kgl. Polizei-Präsidium Berlin	Stadtkreis Berlin	Berlin	Berlin I	Berlin I	St u. A Berlin I	Berlin	Berlin	O P	H S	.	

Station (Namen, Rangklasse, Einwohnerzahl)	Die Station liegt an der Bahnstrecke von	bis	Betriebsleitende (mitbenutzende) Verwaltung — Direktion	Betriebsamt	Bau-Inspektion	Stationskassen	Selbständige Fahrkarten-Ausgabestellen	Gepäck-Abfertigungsstellen	Eilgut-Abfertigungsstellen	Güter-Abfertigungsstellen	Servisklasse	Werkstätten	Materialien-Niederlagen	Desinfektions-Anstalten	Fettgas-Anstalten	Wasserstationen	Lokomotiv-Drehscheiben	Lokomotiv-Stände	Stationirte Lokomotiven	Weichen	Feste Rampen	Lastkähne nebst ihrem Hebegewicht	Gleiswaagen	Privatanschlüsse (Anzahl)
1	2	2	3	4	5	6	7	7	7	7	8	9	10	11	12	13	14	15	16	17	18	19	20	21
Girschunen* Haltep. f. P. 50 E.	Tilsit	Stallupönen	Bromberg	Königsberg i. Pr.	Tilsit	.	.	.	.	.	V	.	.	.	.	.	.	.	.	2	.	.	.	.
Görke-Reckow* Haltest. f. P. u. G. 170 E.	Alt-Damm	Cammin i. Pom.	Bromberg	Stettin (Stettin-Danzig)	Stettin	.	.	.	.	.	V	.	.	.	.	.	.	.	.	4	1	.	.	.
Gohlis-Möckern Haltep. f. P. (gehört zur Stadt Leipzig)	Leipzig	Corbetha	Erfurt	Weißenfels	Leipzig	.	.	.	.	.	I	.	.	.	.	.	.	.	.	.	.	.	.	.
Gollnow*†) Bhf. 3. Kl. 8000 E.	Alt-Damm	Cammin i. Pom.	Bromberg	Stettin (Stettin-Danzig)	Stettin	.	.	.	.	.	III	.	.	.	.	1	1	.	.	19	1	.	1	.
Gollnowshagen* Haltest. f. P. u. G. 450 E.	Alt-Damm	Cammin i. Pom.	Bromberg	Stettin (Stettin-Danzig)	Stettin	.	.	.	.	.	V	.	.	.	.	.	.	.	.	4	.	.	.	.
Gräfenroda-Herrenmühle* Haltest. f. P. u. G. (zur Gemeinde Gräfenroda — 2200 E. — gehörig)	Gotha	Gräfenroda	Erfurt	Cassel (Cassel-Erfurt)	Gotha I	.	.	.	.	.	V	.	.	.	.	.	.	.	.	2	1	.	.	.
Groß-Christinenberg* Haltest. f. P. u. G. 420 E.	Alt-Damm	Cammin i. Pom.	Bromberg	Stettin (Stettin-Danzig)	Stettin	.	.	.	.	.	V	.	.	.	.	1	.	.	.	4	1	.	.	.
Groß-Wubiser* Haltep. f. P. 200 E.	Wriezen	Jädickendorf	Berlin	Stettin (Berlin-Stettin)	Freienwalde a. O.	.	.	.	.	.	V	.	.	.	.	.	.	.	.	.	.	.	.	.
Grünenthal Haltest. f. P. 883 E.	Neumünster	Heide	Altona	Glückstadt	Heide	.	.	.	.	.	V	.	.	.	.	.	.	.	.	.	.	.	.	.

†) Mitbenutzt von der Alt-Damm-Colberger Eisenbahn.

22	23	24	25	26	27	28	29	30	31	32	33	34	35
Güter-An und Abfuhr. Güternebenstellen	Abfertigung ist ausgeschlossen für	Regierungs-Bezirk oder Behörde	Kreis	Bürgermeisterei	Landgericht	Amtsgericht	Staats- und Amts-Anwaltschaft	Handelskammer-Bezirk	Militär-Bezirk	Postbehörde	Zoll- oder Steuerbehörde	Fabriken und größere gewerbliche Anlagen	Angrenzende wichtigere für den Eisenbahnverkehr in Betracht kommende Ortschaften. Entfernung von der Station
.	.	Gumbinnen	Ragnit	.	Tilsit	Ragnit	St Tilsit A Ragnit	.	Tilsit	.	.	.	Paßkalwen 4 km (L)
.	.	Stettin	Cammin i. Pom.	.	Stettin	Cammin i. Pom.	St Stettin A Cammin i. Pom.	Stettin	Naugard	A	.	.	.
.	.	Kreishauptmannschaft Leipzig	Amtshauptmannschaft Leipzig	.	Leipzig	Leipzig	St u. A Leipzig	Leipzig	Leipzig	.	.	.	.
Bahnamtlich	.	Stettin	Naugard	.	Stettin	Gollnow	St Stettin A Gollnow	Stettin	Naugard	P	.	.	.
.	.	Stettin	Naugard	.	Stettin	Gollnow	St Stettin A Gollnow	Stettin	Naugard	P	.	.	.
.	Fahrzeuge, Sprengstoffe	Herzth. Sachsen-Coburg-Gotha	Ohrdruf	Gräfenroda	Gotha	Liebenstein	St Gotha A Liebenstein	Gotha	Gotha	P	.	Holzwaaren-, Thonwaaren-Fabriken, Glaswaaren-, Druckerschwärze-Fabrik, Schneidemühlen, Kalk- und Ziegelbrennereien, Kienrußhütten	Geschwenda 5 km (Ch), Goffel 5 km (Ch), Liebenstein 2km (Ch), Dörrberg 4 km (Ch)
.	.	Stettin	Naugard	.	Stettin	Gollnow	St Stettin A Gollnow	Stettin	Naugard	A	.	.	.
.	.	Frankfurt a. O.	Königsberg N.-M.	Groß Wubiser	Landsberg a. W.	Königsberg N.-M.	St Landsberg a. W. A Königsberg N.-M.	.	Cüstrin	A	.	.	.
.	.	Schleswig	Rendsburg	Hademarschen	Kiel	Schenefeld	St Kiel A Schenefeld	.	Rendsburg	A	.	.	.

Table columns 1–8:

| 1 | 2 | | 3 | 4 | 5 | 6 | 7 | | | | 8 |
| Station (Namen, Rangklasse, Einwohnerzahl) | Die Station liegt an der Bahnstrecke | | Betriebsleitende (mitbenutzende) Verwaltung | | | Stationskassen | Selbständige | | | | Servisklasse |
	von	bis	Direktion	Betriebsamt	Bauinspektion		Fahrkarten-Ausgabestellen	Gepäck-Abfertigungsstellen	Eilgut-Abfertigungsstellen	Güter-Abfertigungsstellen	
Guttowo* Haltep. f. P. 102 E.	Graudenz	Soldau	Bromberg	Thorn	Osterode i. Ostpr.	.	.	.	.	.	V
Hagen i. Pom.* Haltest. f. P. u. G. 630 E.	Alt-Damm	Wollin	Bromberg	Stettin (Stettin-Danzig)	Stettin	.	.	.	.	.	V
(Holzwipper*) Bhf. 3. Kl. 29 E.	Brügge	Dieringhausen	Elberfeld	Hagen	Hagen II	.	.	.	.	.	V
Hoppecke Haltest. f. P. u. G. 460 E.	Arnsberg	Warburg	Elberfeld	Cassel (Cassel-Schwerte)	Warburg	.	.	.	.	.	V
Immensen Haltest. f. G. 750 E.	Stendal	Lehrte	Magdeburg	Berlin (Berlin-Lehrte)	Stendal I	.	.	.	.	.	V
Kiekrz Haltep. f. P. 249 E.	Posen	Stargard i. Pom.	Breslau	Posen (Stargard-Posen)	Posen I	.	.	.	.	.	V
Klemzow* Haltest. f. P. u. G. 250 E.	Wriezen	Jädickendorf	Berlin	Stettin (Berlin-Stettin)	Freienwalde a. O.	.	.	.	.	.	V
Körle Haltep. f. P. 630 E.	Eisenach	Cassel	Erfurt	Cassel (Cassel-Erfurt)	Cassel	.	.	.	.	.	V
Liniewo* Haltest. f. P. u. G. 468 E.	Hohenstein i. Westpr.	Berent	Bromberg	Danzig	Dirschau	.	.	.	.	.	V

Table columns 9–21:

| 1 | 9 | 10 | 11 | 12 | 13 | 14 | 15 | 16 | 17 | 18 | 19 | 20 | 21 |
Station	Werkstätten	Materialien-Niederlagen	Desinfektions-Anstalten	Fettgas-Anstalten	Wasserstationen	Lokomotiv- Drehscheiben	Lokomotiv- Stände	Stationirte Lokomotiven	Weichen	Feste Rampen	Lastkähne nebst ihrem Hebegewicht	Gleiswaagen	Privatanschlüsse (Anzahl)
Guttowo*	.	.	.	.	.	.	.	.	.	.	.	.	.
Hagen i. Pom.*	.	.	.	.	1	1	.	.	9	2	.	1	.
(Holzwipper*)	.	.	.	.	.	.	.	.	5	.	.	.	.
Hoppecke	.	.	.	.	.	.	.	.	2	.	.	.	.
Immensen	.	.	.	.	.	.	.	.	8	.	.	.	.
Kiekrz	.	.	.	.	.	.	.	.	.	.	.	.	1
Klemzow*	.	.	.	.	.	.	.	.	8	1	.	.	.
Körle	.	.	.	.	.	.	.	.	.	.	.	.	.
Liniewo*	.	.	.	.	.	.	.	.	3	1	.	.	.

22	23	24	25	26	27	28	29	30	31	32	33	34	35
Güter-An- und Ab-fuhr. Güter-neben-stellen	Abferti-gung ist ausge-schlossen für	Re-gie-rungs-Bezirk oder Behörde	Kreis	Bürger-meiste-rei	Land-gericht	Amts-gericht	Staats- und Amts-An-walt-schaft	Handels-kam-mer-Bezirk	Militär-Bezirk	Post-behörde	Zoll- oder Steuer-be-hörde	Fabriken und größere gewerbliche Anlagen	Angrenzende wichtigere für den Eisenbahnverkehr in Betracht kommende Ortschaften. Entfernung von der Station
.	.	Marien-werder	Stras-burg i. Westpr.	.	Thorn	Lauten-burg	St Stras-burg i. Westpr. A Lauten-burg	.	Dt.-Eylau	.	.	.	
.	.	Stettin	Cammin i. Pom.	.	Stettin	Cammin i. Pom.	St Stettin A Cammin i. Pom.	Stet-tin	Nau-gard	.	.	.	.
.	Spreng-stoffe	Cöln	Gum-mers-bach	Marien-heide	Cöln	Gum-mers-bach	St Cöln A Gum-mers-bach	.	Cöln-Deutz	.	.	.	.
.	Spreng-stoffe, Stück-gut, Leichen, Fahr-zeuge u. Vieh	Arns-berg	Brilar	Thülen	Arns-berg	Brilon	.	.	Me-schede	.	.	.	.
.	Stück-gut, Leichen, Fahr-zeuge u. Vieh	Lüne-burg	Burg-dorf	.	Hildes-heim	Burg-dorf	St Hildes-heim A Burg-dorf	Han-nover	Celle	A	.	Ziegelei	Arpke 1 km (Ch)
.	.	Posen	Posen	.	Posen	Posen	St u. A Posen	Posen	Posen	.	.	.	.
.	Spreng-stoffe	Frank-furt a. O.	Königs-berg N.-M.	Klem-zow	Lands-berg a. W.	Königs-berg N.-M.	St Lands-berg a. W. A Königs-berg N.-M.	.	Cüstrin	A	.	.	Grüneberg 2 km (L)
.	.	Cassel	Mel-sungen	.	Cassel	Mel-sungen	St Cassel A Mel-sungen	Cassel	Cassel	.	.	.	.
.	schwere Fahr-zeuge	Danzig	Berent	.	Danzig	Berent	St Danzig A Berent	.	Pr.-Star-gard	P	.	.	.

Station (Namen, Rangklasse, Einwohnerzahl)	Die Station liegt an der Bahnstrecke von	bis	Direktion	Betriebsamt	Bau-Inspektion	Stationskassen	Fahrkarten-Ausgabestellen	Gepäck-Abfertigungsstellen	Eilgut-Abfertigungsstellen	Güter-Abfertigungsstellen	Servisklasse	Werkstätten	Materialien-Niederlagen	Desinfektions-Anstalten	Fettgas-Anstalten	Wasserstationen	Drehscheiben	Stände	Stationirte Lokomotiven	Weichen	Feste Rampen	Lastkähne nebst ihrem Hebegewicht	Gleiswaagen	Privatanschlüsse (Anzahl)
1	2		3	4	5	6	7				8	9	10	11	12	13	14	15	16	17	18	19	20	21
Louisenhain (Eichwald) Haltep. f. P.	Posen	Jarotschin	Breslau	Posen (Stargard-Posen)	Posen II	.	.	.	.	.	V	.	.	.	.	.	.	.	.	.	.	.	.	.
Marienheide* Bhf. 3. Kl. 2745 E.	Brügge	Dieringhausen	Elberfeld	Hagen	Hagen II	.	.	.	.	.	V	.	.	.	.	.	.	.	.	.	6	1	.	.	.
Mecklenbeck Haltep. f. P. 700 E.	Dülmen	Münster	Cöln (r.)	Münster i. W. (Wanne-Bremen)	Münster i. W. III	.	.	.	.	.	V	.	.	.	.	.	.	.	.	.	.	.	.	.
Menne Haltest. f. P. u. G. 450 E.	Altenbeken	Warburg	Hannover	Paderborn	Paderborn II	.	.	.	.	.	V	.	.	.	.	.	.	.	.	.	4	.	.	.	.
Neu-Rahnsdorf Haltep. f. P. 130 E.	Berlin	Frankfurt a. O.	Berlin	Berlin (Berlin-Sommerfeld)	Frankfurt a. O. I	.	.	.	.	.	V	.	.	.	.	.	.	.	.	.	.	.	.	.
Pamletten Haltep. f. P. 107 E.	Insterburg	Memel	Bromberg	Königsberg i. Pr.	Tilsit	.	.	.	.	.	V	.	.	.	.	.	.	.	.	.	.	.	.	.
Pillkallen* Bhf. 3. Kl. 3000 E.	Tilsit	Stallupönen	Bromberg	Königsberg i. Pr.	Insterburg I	.	.	.	.	.	V	.	.	.	.	.	.	.	1	8	1	1 / 1250 kg	.	.
Ponarth (nur Werkstatts-Bahnhof) 805 E.	Königsberg i. Pr.	Insterburg	Bromberg	Königsberg i. Pr.	Königsberg i. Pr.	.	.	.	.	.	IV	H	.	.	.	.	.	.	.	.	.	.	.	.
Rackitt* Haltest. f. P. u. G. 240 E.	Alt-Damm	Cammin i. P.	Bromberg	Stettin (Stettin-Danzig)	Stettin	.	.	.	.	.	V	.	.	.	.	.	.	.	.	6	1	.	.	.
Ragnit* Bhf. 3. Kl. 3885 E.	Tilsit	Stallupönen	Bromberg	Königsberg i. Pr.	Tilsit	.	.	.	.	.	III	.	.	.	.	.	.	.	.	6	2	1 / 2500 kg	1	.

22	23	24	25	26	27	28	29	30	31	32	33	34	35
Güter-An- und Ab-fuhr. Güter-neben-stellen	Abfertigung ist ausge-schlossen für	Re-gie-rungs-Bezirk oder Behörde	Kreis	Bürger-meiste-rei	Land-gericht	Amts-gericht	Staats- und Amts-An-walt-schaft	Han-dels-kam-mer-Bezirk	Militär-Bezirk	Post-behörde	Zoll- oder Steu-er-be-hörde	Fabriken und größere gewerbliche Anlagen	Angrenzende wichtigere für den Eisenbahnverkehr in Betracht kommende Ortschaften. Entfernung von der Station
.	Spreng-stoffe	Cöln	Gum-mers-bach	Marien-heide	Cöln	Gum-mers-bach	St Cöln A Gum-mers-bach	.	Cöln-Deutz	P			
.	.	Münster i. W.	Münster i. W.	Amt St. Mauritz	Münster i. W.	Münster i. W.	St u. A Münster i. W.	Mün-ster i. W.	Münster i. W.	.		Ringofen-ziegelei	Amelsbüren 6 km (Ch)
..	.	Minden	War-burg	.	Pader-born	War-burg	St Pader-born A War-burg	.	Pader-born	.	.	.	Nörde 2 km (L), Oßendorf 2 km (Ch)
.	.	Pots-dam	Nieder-barnim	Cöpenick	Berlin II	Cöpenick	St Berlin II A Cöpenick	.	Bernau	.	.	.	.
.	.	Gum-binnen	Tilsit	.	Tilsit	Tilsit	St u. A Tilsit	.	Tilsit	.			.
Bahn-amtlich	.	Gum-binnen	Pill-kallen	.	Inster-burg	Pill-kallen	St Inster-burg A Pill-kallen	.	Inster-burg	P	S	Eisengießerei, Mehl- und Schneidemühle, Ziegelei	Kussen 11 km (Ch), Lasdehnen 21 km (Ch), Schirwindt 23 km (Ch), Schillehnen 23 km (Ch)
.	.	Königs-berg i. P.	Königs-berg i. P.	.	Königs-berg i. P.	Königs-berg i. P.	St u. A Königs-berg i. P.	.	Königs-berg i. P.	P	.		.
Bahn-amtlich für Gülzow	.	Stettin	Cammin i. Pom.	.	Stettin	Cammin i. Pom.	St Stettin A Cammin i. Pom.	Stet-tin	Nau-gard	P	.		Gülzow 20 km (Ch)
Bahn-amtlich	.	Gum-binnen	Ragnit	.	Tilsit	Ragnit	St Tilsit A Ragnit	.	Inster-burg	P	.	Brauerei, Dampfmühlen, Eisengießerei	Carlsberg 6 km (Ch), Schillehnen 11 km (Ch), Tussainen 4 km (Ch)

1	2		3	4	5	6	7				8	9	10	11	12	13	14	15	16	17	18	19	20	21
Station (Namen, Rangklasse, Einwohnerzahl)	Die Station liegt an der Bahnstrecke von	bis	Direktion	Betriebsamt	Bau-Inspektion	Stationskassen	Fahrkarten-Ausgabestellen	Gepäck-	Eilgut-	Güter- Abfertigungsstellen	Servisklasse	Werkstätten	Materialien-Niederlagen	Desinfektions-Anstalten	Fettgas-Anstalten	Wasserstationen	Lokomotiv-Drehscheiben	Stände	Stationirte Lokomotiven	Weichen	Feste Rampen	Lastkähne nebst ihrem Hebegewicht	Gleiswaagen	Privatanschlüsse (Anzahl)
Reichersthor*†) Haltep. f. P. (Stadttheil von Schmalkalden)	Zella St. Blasii	Schmalkalden	Erfurt	Erfurt	Arnstadt	·	·	·	·	·	III	·	·	·	·	·	·	·	·	·	·	·	·	·
Schönwiese* Haltep. f. P. 131 E.	Allenstein	Soldau	Bromberg	Allenstein	Allenstein I	·	·	·	·	·	V	·	·	·	·	·	·	·	·	·	·	·	·	·
Schötmar Haltest. f. P.	Herford	Detmold	Hannover	Hannover (Hannover-Rheine)	Minden	·	·	·	·	·	V	·	·	·	·	·	·	·	·	·	·	·	·	·
Schwirgallen* Haltest. f. P. u. G. 350 E.	Tilsit	Stallupönen	Bromberg	Königsberg i. Pr.	Insterburg I	·	·	·	·	·	V	·	·	·	·	·	·	·	·	2	1	·	·	·
Uchtspringe Haltep. f. P. 40 E.	Stendal	Lehrte	Magdeburg	Berlin (Berlin-Lehrte)	Stendal I	·	·	·	·	·	V	·	·	·	·	·	·	·	·	3	·	·	·	1
Widau Haltep. f. P. 90 E.	Posen	Thorn	Bromberg	Posen (Posen-Thorn)	Posen	·	·	·	·	·	V	·	·	·	·	·	·	·	·	2	·	·	·	1
Zäckerick-Alt-Rüdnitz* Bhf 3 Kl. 1660 E.	Wriezen	Jädickendorf	Berlin	Stettin (Berlin-Stettin)	Freienwalde a. O.	·	·	·	·	·	V	·	·	·	·	1	·	·	·	9	1	·	·	·

†) Weder mit einem Beamten noch mit einem Agenten besetzt. Fahrkarten werden vom [illegible]

22	23	24	25	26	27	28	29	30	31	32	33	34	35
Güter-An- und Ab-fuhr. Güter-neben-stellen	Abfertigung ist ausge-schlossen für	Regie-rungs-Bezirk oder Behörde	Kreis	Bürger-meisterei	Land-gericht	Amts-gericht	Staats- und Amts-Anwalt-schaft	Handels-kammer-Bezirk	Militär-Bezirk	Post-behörde	Zoll- oder Steuer-be-hörde	Fabriken und größere gewerbliche Anlagen	Angrenzende wichtigere für den Eisenbahnverkehr in Betracht kommende Ortschaften. Entfernung von der Station
·	·	·	·	·	·	·	·	·	·	·	·	·	
·	·	Königsberg i. P.	Neidenburg	·	Allenstein	Soldau	St Allenstein A Soldau	·	Osterode i. Ostpr.	·	·	·	
·	·	Detmold, Fürstenthum Lippe-Detmold	Detmold	Salzuflen	Detmold	Salzuflen	St Detmold A Salzuflen	·	Detmold	·	·	·	
·	·	Gumbinnen	Stallupönen	·	Insterburg	Stallupönen	St Insterburg A Stallupönen	·	Gumbinnen	·	·	·	
·	·	Magdeburg	Gardelegen	Binzelberg	Stendal	Garde-legen	St Stendal A Gardelegen	·	Neuhaldens-leben	·	·	·	Börgitz 3 km (Ch), Staats 3 km (Ch)
·	·	Bromberg	Gnesen	·	Gnesen	Gnesen	St u. A Gnesen	·	Gnesen	·	·	·	Baranowo 3 km (L), Lubowk 2 km (L), Mnichowo 7 km (L), Pawlowo 6 km (L), Wozniki 3 km (L)
·	Sprengstoffe	Frankfurt a. O. R.-Bz.	Königsberg N.-M.	Zäckerick	Landsberg a. W.	Zehden	St Landsberg a. W. A Zehden	·	Cüstrin	A	·	·	Zäckerick 2 km (L), Alt-Rüdnitz 3 km (L)

II. Sonstige Aenderungen und Ergänzungen.

(Die Abkürzung S. bedeutet: Seite, Sp.: Spalte.)

Station **Abendstern***. S. 4/5. Sp. 17 statt 1 zu setzen 2, zuzusetzen Sp. 18 1, Sp. 34 Kalkwerk.

„ **Achim**. S. 4/5. Sp. 1 statt 2820 **2933**, Sp. 34 zuzusetzen **Cigarrenfabriken**.

„ **Adendorf**. S. 4/5. Sp. 23 statt größere Fahrzeuge schwerwiegende Fahrzeuge und Sprengstoffe.

„ **Adlershof**. S. 4. Sp. 17 einzustellen 2.

„ **Aken***. S. 6. Sp. 15 zu streichen 2.

„ **Albersdorf***. S. 6/7. Sp. 17 statt 2 **3**, Sp. 23 statt größere Fahrzeuge Fahrzeuge, Sprengstoffe.

„ **Albrechtsdorf***. S. 6. Sp. 21 zu streichen 1.

„ **Albshausen**. S. 6/7. Sp. 1 statt Bhf. 3. Kl. Haltestelle f. P. u. G., Sp. 17 statt 1 **12**; Sp. 34 einzutragen Kalkwerk mit Ringofen.

„ **Albungen**. S. 6/7. Sp. 23 einzutragen Leichen, Fahrzeuge, Großvieh, Kleinvieh in Wagenladungen und Stückgut.

„ **Aldekerk**. S. 6/7. Sp. 18 einzutragen 1, Sp. 35 bei Bluyn statt 4 **8** km.

„ **Alexanderplatz**. S. 8/9. Sp. 1 ist bei dem Stationsnamen ein †) zu machen und am Fuße der Seite die Anmerkung aufzunehmen: †) Mitbenutzt von den Königl. Eisenbahn-Direktionen Bromberg, Frankfurt a. M. und Magdeburg. Die Spalten 3 bis 5 haben zu lauten Berlin | Stadt- und Ringbahn | Stadtbahn; die weiteren Angaben dortselbst sind zu streichen. Sp. 31 statt Berlin Berlin I. und II.

„ **Allenbach***. S. 8/9. Sp. 23 zuzusetzen Sprengstoffe.

„ **Allendorf (M. W.)**. S. 8/9. Sp. 32 statt A P.

„ **Allenstein**. S. 8/9. Sp. 16 statt 42 **38**, Sp. 33 statt I U, Sp. 19 hinter 1250 zu streichen **kg 1**.

„ **Allenstein-Vorstadt**. S. 10/11. Sp. 1 ist bei dem Stationsnamen ein * nachzutragen und Sp. 31 einzustellen Allenstein.

„ **Alt-Boyen**. S. 10/11. Sp. 28 statt Alt-Boyen Schmiegel, Sp. 29 statt A. Alt-Boyen A. Schmiegel.

„ **Alt-Carbe**. S. 10/11. Sp. 31 einzutragen Woldenberg.

„ **Alt-Damm**. S. 10/11. Sp. 2 einzutragen Stettin-Stargard i. Pom., Sp. 3—5 zu streichen (Altdamm-Colberger Eisenbahn); Sp. 10 zu streichen 1; Sp. 31 statt Train-Btl. 2 Stettin.

„ **Alte Eiche***. S. 10/11. Sp. 1 ist hinter dem Stationsnamen ein ††) zu setzen mit der Anmerkung: ††) Während der Monate Oktober bis März geschlossen. Nachzutragen Sp. 1 6 E. und Sp. 31 Deutsch-Krone.

„ **Altemühle***. S. 12/13. Sp. 31 einzutragen Neustadt i. Westpr., Sp. 33 zu streichen **R**.

„ **Alten**. S. 12/13. Sp. 5 statt Dessau II Dessau I, Sp. 35 statt P **A**.

„ **Altena**. S. 12/13. Sp. 17 statt 37 **35**, Sp. 30 statt Siegen Altena; Sp. 23 einzutragen Sprengstoffe.

„ **Altenbeken**. S. 12. Sp. 13 einzutragen 1, Sp. 16 statt 8 **7**.

„ **Altendorf-Kronenberg**. S. 12. Sp. 17 statt 5 **4**.

„ **Altendorf a. d. Ruhr***. S. 14. Zu streichen in Sp. 3 Elberfeld, Sp. 4 Düsseldorf, Sp. 5 Düsseldorf I. In Sp. 1 ist bei dem Stationsnamen ††) zu setzen mit der Anmerkung: ††) Mitbenutzt von der Königl. Eisenbahn-Direktion Elberfeld. Sp. 17 statt 4 **3**.

Station **Altendorf b. Essen**. S. 14. Sp. 1 statt Haltep. Haltest.

„ **Altenessen**. S. 14. Sp. 13 einzutragen 1, Sp. 21 abzuändern 10 in 9.

„ **Altenhundem**. S. 14/15. Abzuändern Sp. 10 2 in 1, Sp. 16 31 in 32; nachzutragen Sp. 18 l, Sp. 23 Sprengstoffe.

„ **Altenkirchen***. S. 14. Sp. 20 nachzutragen 1.

„ **Altfelde**. S. 14/15. Nachzutragen Sp. 31 Marienburg, Sp. 35 Christburg 19 km (Ch); Sp. 33 zu streichen R.

„ **Alt-Jablonken**. S. 16/17. Sp. 4 statt Thorn Allenstein, Sp. 5 statt Osterode i. Ostpr. Allenstein II, Sp. 17 statt 5 6, Sp. 24 statt Königsberg Ostpr. Königsberg i. Pr.

„ **Altona**. S. 16. Sp. 9 statt B 2 B.

„ **Alt-Sternberg***. S. 16/17. Nachzutragen Sp. 17 2, Sp. 18 1, Sp. 31 Wehlau.

„ **Altwieck**. S. 18/19. Sp. 31 einzutragen Belgard.

„ **Amalienhütte**. S. 18/19. Sp. 23 einzutragen Sprengstoffe.

„ **Amern***. S. 18. Sp. 17 statt 2 Doppelweichen 4 (Weichen).

„ **Ammendorf**. S. 20. Sp. 17 statt 25 24.

„ **Amsee**. S. 20/21. Sp. 17 statt 21 19; einzutragen Sp. 31 Jnowrazlaw, Sp. 32 P. Sp. 35 ist das Wort Gut überall zu streichen.

„ **Andernach**. S. 20. Sp. 21 statt 4 5.

„ **Angern**. S. 20/21. Sp. 23 zu streichen Frachtgut in.

„ **Anclam**. S. 20. Sp. 13 statt 1 2, Sp. 17 statt 23 24.

„ **Annaberg**. S. 22. Sp. 2 statt Ratibor Cosel K.

„ **Annaburg**. S. 22/23. Sp. 17 statt 13 11, Sp. 35 bei Prettin Stadt statt 12 km (L) 13 km (Ch) und daselbst nachzutragen Plossig 8 km (Ch), Naundorf 6 km (Ch).

„ **Annen (B. M.)**. S. 22. Der Stationsname ist in **Annen Nord** abzuändern, Sp. 17 statt 29 16.

„ **Annen Rh.***. S. 22. Der Stationsname ist in **Annen Süd** abzuändern.

„ **Antonienhütte**. S. 22/23. Nachzutragen Sp. 23 Sprengstoffe, Sp. 34 Steinkohlengruben.

„ **Apenrade***. S. 22. Sp. 17 statt 12 13.

„ **Aplerbeck**. S. 22/23. Abzuändern Sp. 27 u. 29 Hagen in Dortmund.

„ **Apolda**. S. 24/25. Sp. 35 statt Utenbuch Utenbach.

„ **Aprath**. S. 24. Abzuändern Sp. 8 V in IV, Sp. 17 21 in 24; Sp. 20 einzutragen 1.

„ **Arenshausen**. S. 24. Sp. 10 zu streichen l.

„ **Argenau**. S. 24/25. Sp. 20 einzutragen 1; in Sp. 35 ist überall das Wort Gut zu streichen.

„ **Argeningken**. S. 24/25. Zu berichtigen in Sp. 1 180 in 187, Sp. 23 Wagenladungen in Vieh, Sp. 17 einzutragen 3.

„ **Arnsberg**. S. 26. Sp. 9 zu streichen B, Sp. 17 statt 43 49, Sp. 19 bei 5000 ein * zu machen und darunter die Bemerkung: (* fahrbar), Sp. 21 statt 1 2.

„ **Arnsdorf i. Ostpr.***. S. 26/27. Sp. 31 einzutragen Bartenstein.

„ **Arnshagen***. S. 26/27. Sp. 31 einzutragen Stolp.

„ **Arnstadt**. S. 26/27. Sp. 1 statt 12460 13329, Sp. 35 statt Littstedt Bittstedt.

„ **Artern**. S. 28. Sp. 9 zu streichen B, Sp. 11 einzutragen 1, Sp. 16 statt 3 2, Sp. 17 statt 31 33, Sp. 21 statt 3 4.

„ **Ascheberg**. S. 28/29. Sp. 15 statt 1 2, Sp. 23 zuzusetzen Sprengstoffe.

„ **Aschersleben**. S. 28/29. Sp. 15 statt 10 17, Sp. 17 statt 82 98; Sp. 19 hat zu lauten $\frac{4}{1}$ $\frac{10000}{3}$ $\frac{1000}{\text{kg}}$ Sp. 21 statt 7 8, Sp. 34 nachzutragen Blechwaaren- u. Papierfabriken.

Station **Afel***. S. 28. Sp. 7 zu streichen V, Sp. 8 einzutragen **V**.

    „   **Affenheim**. S. 28. Sp. 1 statt Bhf. 3. Kl. Haltest. f. P. u. G.

    „   **Aßmannshausen**. S. 30. Sp. 5 statt Wiesbaden Wiesbaden I., Sp. 17 statt 1 **6**.

    „   **Attenef**. S. 30/31. Sp. 22 zu streichen Privatbestätterei.

    „   **Attendorn***. S. 30. Sp. 20 einzutragen **1**.

    „   **Aue-Wingeshausen***. S. 30/31. Sp. 23 einzutragen Sprengstoffe.

    „   **Auehütte***. S. 30/31. Die Anmerkung am Fuße der Seite erhält folgenden Wortlaut: „†) Weder mit einem Beamten noch mit einem Agenten besetzt; Fahrkarten werden vom Zugführer verkauft; Güterverkehr nur für Anschlußbesitzer, Ladungen werden nach Schmalkalden kartirt." Sp. 23 zu streichen Stückgüter und, Sp. 26 einzutragen Haindorf, Sp. 34 zu streichen Eisen- und Stahlhammer sowie Puddelofen, nachzutragen Schwerspathmühle, Sp. 35 statt Hainsdorf Haindorf.

    „   **Aumenau**. S. 32/33. Sp. 1 statt 2. Kl. 3. Kl., Sp. 17 statt 1 **15**, Sp. 26 statt Aumenau Villmar.

    „   **Aumühle**. S. 32. Sp. 21 einzutragen **1**.

Station **Bahrenbusch***. S. 36/7. Sp. 31 statt Dramburg Neustettin.

    „   **Bahrenfeld**. S. 36/7. Sp. 23 statt größere Fahrzeuge Güter und Vieh.

    „   **Baitkowen***. S. 36/7. Sp. 1 statt 170 **210**, Sp. 10 zu streichen 1, Sp. 32 einzutragen **A**.

    „   **(Bajohren)***. S. 36/7. Sp. 1 zu streichen ( ), daselbst statt 80 **90**, Sp. 35 einzutragen Ruß. Crottingen 2 km (**L**).

    „   **Baldenburg***. S. 36. Einzutragen Sp. 10 **1**, Sp. 20 **1**.

    „   **Balduinstein**. S. 36. Sp. 17 statt 1 **8**.

    „   **Balgstädt***. S. 36. Sp. 1 statt Haltep. Haltest., Sp. 17 einzutragen **1**.

    „   **Balster***. S. 36/7. Sp. 31 statt Dramburg Neustettin.

    „   **Barby**. S. 38/9. Sp. 19 statt 1 **2** und daselbst zuzusetzen **1000**, Sp. 22 statt Privatbestätterei Bahnamtlich.

    „   **Barderup**. S. 38. Sp. 17 einzutragen **2**.

    „   **Bardowiek**. S. 38. Sp. 1 statt 1700 **1800**.

    „   **Barkoschin***. S. 38/9. Zu streichen Sp. 32 **A**, Sp. 33 **R**.

    „   **Barmen**. S. 38/9. Sp. 23 einzutragen Sprengstoffe.

    „   **Barmen-Heubruch**. S. 40. Sp. 17 statt 25 **20**.

    „   **Barmen-Loh**. S. 40/41. Sp. 17 statt 7 **8**, Sp. 23 zuzusetzen Leichen, Fahrzeuge und Vieh.

    „   **Barmen-Rittershausen**. S. 40. Sp. 16 statt 53 **57**, Sp. 18 statt 1 **2**, Sp. 19 bei 5000 ein * zu setzen und darunter (* fahrbar), Sp. 21 statt 2 **1**.

    „   **Barmen (Unter-)**. S. 40. Sp. 1 Stationsname in Barmen-Unterbarmen zu ändern. Einzutragen Sp. 6 **1**, Sp. 20 **1**; Sp. 17 statt 18 **27**.

    „   **Barmen-Wichlinghausen**. S. 40. Sp. 1 statt 2. Kl. 1. Kl., Sp. 10 statt 1 **2**, Sp. 21 einzutragen **1**.

    „   **Barnten**. S. 40. Sp. 1 statt Haltep. f. P. Haltest. f. P. u. G., nachzutragen Sp. 17 **15**, Sp. 18 **1**.

    „   **Barop**. S. 40. Sp. 8 statt IV **V**, Sp. 17 statt 28 **21**.

    „   **Bartschin***. S. 42/3. Sp. 1 statt Haltest. f. P. u. G. Bhf. 3. Kl., Sp. 32 einzustellen **P**, Sp. 34 soll lauten: Brennereien, Kalkbruch, Brauerei, Sp. 35 statt Slabozewo Slaboszewo.

    „   **Basbeck-Osten**. S. 42/3. Sp. 1 statt 1463 **1487**, Sp. 33 einzutragen U (Osten).

    „   **Bauschwitz***. S. 44. Sp. 5 zuzusetzen **I**.

    „   **Bebra**. S. 44. Sp. 17 statt 122 **123**.

Station **Beelen***. S. 44. Sp. 17 statt 4 **5**.

„   **Beelitz**. S. 46/7. Zu streichen Sp. 22 u. Privatbestätterei, Sp. 33 U.

„   **Beesten***. S. 46/7. Sp. 26 statt Bersten Bcesten.

„   **Beetzendorf***. S. 46/7. Sp. 29 statt A. Beetzendorf A. Clötze.

„   **Belgard**. S. 46. Sp. 10 zu streichen **1**, Sp. 17 statt 67 **63**.

„   **Bellevue**. S. 48/9. Nachzutragen Sp. 17 **2**, Sp. 31 I u. II.

„   **Belm**. S. 48/9. Zuzusetzen Sp. 34 Cigarrenfabrik, Sp. 35 Jeker $\frac{1}{4}$ km (L).

„   **Belzig**. S. 48/9. Sp. 16 statt 1 **2**, Sp. 33 statt I S.

„   **Bendingbostel**. S. 48. Sp. 1 statt 156 **146**, Sp. 10 einzutragen **1**.

„   **Bengel**. S. 48/9. Sp. 23 zuzusetzen Leichen, Fahrzeuge und Vieh.

„   **Benrad**. S. 50/1. Sp. 35 bei St.-Tönis und bei Hüls statt (Ch) (L).

„   **Bensberg***. S. 50. Sp. 17 statt 14 **15**.

„   **(Benshausen)***. S. 50/1. Sp. 1 zu streichen ( ), daselbst zu setzen † mit der Anmerkung: †) Wird von einem Agenten verwaltet. Sp. 2 anstatt Zella-Mehlis Zella-St. Blasii, Sp. 23 einzutragen Fahrzeuge, Vieh und Sprengstoffe.

„   **Bentschen**. S. 50. Sp. 6 zu streichen **1**, zu ändern Sp. 16 6 in **7**, Sp. 17 39 in **37**, Sp. 18 2 in **1** und daselbst zu streichen **1000**.

„   **Benz***. S. 52/3. Sp. 17 statt 2 **3**; nachzutragen Sp. 23 Fahrzeuge und Sprengstoffe, Sp. 32 A, Sp. 34 Meierei, Sp. 35 Malkwitz 3 km (L).

„   **Berent***. S. 52/3. Sp. 14 zu streichen **1**, Sp. 33 statt R S; einzutragen Sp. 34 Brauerei, Glashütte, Molkerei, Ziegelei, Sp. 35 Stensitz 8 km (L), Ludwigsthal 9 km (L), Sikkoschin 9 km (Ch u. L), Lippusch 15 km (Ch).

„   **Berga-Kelbra**. S. 52/3. Sp. 35 bei Frankenhausen statt 3 km **13** km.

„   **Berge-Borbeck**. S. 52. Sp. 7 bei Güter-Abf.-Stelle einzustellen **1**, Sp. 9 statt N B, Sp. 15 statt 8 **6**, Sp. 17 statt 87 **82**.

„   **Bergedorf**. S. 52/3. Nachzutragen Sp. 22 Güter-Nebenstelle in Geesthacht für die Ortschaften Geesthacht, Escheberg und Besenhorst, Sp. 23 Sprengstoffe.

„   **Bergenthal**. S. 54/5. Sp. 33 zu streichen R.

„   **Bergfriede**. S. 54/5. Sp. 1 statt 792 **530**, Sp. 17 statt 4 **7**, Sp. 35 statt Steenkendorf Strenkendorf, nachzutragen Cheuernitz 2 km (Ch).

„   **Bergheim**. S. 54/5. Sp. 1 statt Bhf. 3. Kl. Haltest. f. P. u. G., Sp. 34 nachzutragen Ziegelei.

„   **Bergisch-Gladbach***. S. 54. Sp. 17 statt 19 **20**, Sp. 20 einzutragen **1**, Sp. 21 statt 5 **6**.

„   **Bergzow-Parchen** s. Parchen.

„   **Beringstedt***. S. 54/5. Sp. 23 einzutragen Sprengstoffe.

„   **Berlin** (Anhaltischer Bhf.). S. 56. Sp. 19 statt 15000 **14000**.

„   **Berlin** (Lehrter Bhf.). S. 56. Sp. 9 zu streichen † nebst der zugehörigen Anmerkung. Sp. 1 ist ein † zu setzen mit der Anmerkung: †) Mitbenutzt von der Königl. Eisenbahn-Direktion Magdeburg, Sp. 12 einzutragen **1**, Sp. 15 statt 10 **20**, Sp. 16 statt 30 **23**, Sp. 19 hat zu lauten $\frac{18}{16}$ $\frac{1000}{1}$ $\frac{15000}{20000}$ kg Sp. 21 statt 4 **5**.

„   **Berlin** (Ostbhf.). S. 56. Zu ändern Sp. 15 23 in **51**, Sp. 16 44 in **65**, Sp. 17 133 in **182**, Sp. 18 1 in **3**, Sp. 19 8 in **9**, daselbst zuzusetzen $\frac{2}{5000}$ und die **5000** hinter 1500 zu streichen, Sp. 20 statt 3 **2**, Sp. 21 statt 1 **5**.

„   **Berlin** (Potsd. Personenbhf.). S. 56. Sp. 16 statt 20 **24**, Sp. 17 statt 94 **73**.

„   **Berlin** (Wannseebhf.). S. 56 Sp. 17 statt 6 **7**.

Station **Berlin** (Potsd. Güterbhf.). S. 58. Sp. 16 statt 15 **42**, Sp. 17 statt 85 **88**.

„ **Berlin** (Schles. Personenbhf.). S. 58. Sp. 13 einzutragen **1**.

„ **Bernau**. S. 58. Sp. 18 statt 1 **2**.

„ **Beſch**. S. 60. Sp. 2 statt Karthaus Trier.

„ **Beſchendorf***. S. 60/1. Nachzutragen Sp. 1 **604** E., Sp. 35 Sievershagen 2 km (**L**).

„ **Beſtwig-Nuttlar**. S. 60. Zu streichen Sp. 6 **1**, Sp. 7 **1**; Sp. 17 statt 40 **49**.

„ **Bettlern***. S. 60/1. Einzutragen Sp. 21 **1**, Sp. 23 Sprengstoffe, zu streichen Sp. **22** Privat-beſtätterei.

„ **Betzdorf**. S. 62/3. Sp. 5 statt Wetzlar Köln-Deutz II, Sp. 15 statt 36 **34**, Sp. 16 statt 59 **68**, Sp. 23 einzutragen Fahrzeuge.

„ **Beuel**. S. 62/3. Nachzutragen Sp. 19 (unter 1) **2000 kg**, Sp. 22 Bahnamtlich.

„ **Beuterſitz**. S. 62. Sp. 5 statt Halle Cottbus, Sp. 7 zu streichen **1**.

„ **Beuthen** (Oder). S. 62. Sp. 1 statt 3483 **3600**.

„ **Beuthen** (Oberschl.) Oberschlesische Eisenbahn. S. 62. Sp. 5 statt II **III**, Sp. 7 bei selbständige Gepäck-Abf.-Stelle zu streichen **1**.

„ **Beuthen** (Oberschl.). Rechte Oder-Ufer-Eisenb. S. 62. Sp. 2 statt Gleiwitz Tarnowitz, statt Beuthen O. S. Schoppinitz, Sp. 5 statt I **III**.

„ **Beutnitz**. S. 62/3. Sp. 1 statt 1017 **1082**, Sp. 35 statt Glaubach Glembach.

„ **Bevenſen**. S. 64. Sp. 1 statt 1569 **1765**, Sp. 13 zu streichen **1**, Sp. 17 statt 12 **10**.

„ **Beyenburg***. S. 64/5. Nachzutragen in Sp. 23 Sprengstoffe, Sp. 34 Grauwacken-Steinbrüche, Eisengarn-Fabriken, Sp. 35 Remlingrade 2 km (**L**).

„ **Biadki***. S. 64/5. Sp. 22 zu streichen Privatbeſtätterei.

„ **Bialla***. S. 64/5. Sp. 10 zu streichen **1**, Sp. 19 statt 2 **1** und zu streichen **6000**, Sp. 33 statt HS **S**.

„ **Biebrich***. S. 64. Sp. 5 zuzusetzen I, Sp. 7 zu streichen **1**, Sp. 17 statt 1 **5**, Sp. 18 statt 1 **2**, Sp. 21 statt 2 **1**.

„ **Biebrich-Mosbach**. S. 64. Sp. 5 zuzusetzen I, Sp. 15 statt 1 **6**, Sp. 17 statt 1 **21**, Sp. 18 statt 1 **2**.

„ **Biedenkopf***. S. 66/7. Einzutragen Sp. 21 **1**, Sp. 23 Sprengstoffe.

„ **Biederitz**. S. 66/7. Sp. 5 zuzusetzen a. H., Sp. 17 statt 12 **14**, Sp. 22 einzutragen Privatbeſtätterei, Sp. 23 statt Güter Wagenladungen.

„ **Bielefeld**. S. 66. Sp. 17 statt 58 **48**, Sp. 21 statt 3 **4**.

„ **Bienenbüttel**. S. 66/7. Sp. 1 statt 450 **500**, Sp. 31 statt Uelzen Celle.

„ **Biesdorf**. S. 66/7. Einzutragen Sp. 17 **4**, Sp. 21 **1**, zuzusetzen Sp. 31 (Sitz in Berlin).

„ **Bieſenthal**. S. 66. Sp. 20 einzutragen **1**.

„ **Bieſſellen**. S. 68/9. Sp. 1 statt 500 **530**, Sp. 4 statt Thorn Allenstein, Sp. 5 statt Osterode Oſtpr. Allenstein II, Sp. 13 einzutragen **1**, Sp. 17 statt 8 **14**, Sp. 18 einzutragen **1**, Sp. 28 zuzusetzen i. Oſtpr., Sp. 32 statt A **P**, Sp. 34 einzutragen Brennerei, Dampf-mühle, Sp. 35 zu streichen Kl. Gemmern 10 km (**L**), Wittingswalde 12 km (**L**), Luiſenberg 8 km (**L**).

„ **Biewer***. S. 68. Sp. 1 zuzusetzen †† mit der Anmerkung: ††) Fahrkarten-Verkauf durch den Zugführer, Sp. 2 statt Ehrang Ehrang-Trier l. M.

„ **Biniew**. S. 68. Sp. 1 statt Bhf. 3. Kl. Halteſt f. P. u. G.

„ **Bippen***. S. 68. Sp. 20 einzuſtellen **1**.

„ **Birgwitz**. S. 68/9. Sp. 30 zu streichen Glatz.

„ **Birkelbach***. S. 70/1. Sp. 23 einzutragen Sprengstoffe.

Station **Birkenbringhausen***. S. 70/1. Sp. 23 einzutragen Sprengstoffe.

  „ **Birkenfeld*** (Stadt). S. 70/1. Sp. 22 zu streichen Bahnamtlich.

  „ **Birkenfeld-Neubrücke**. S. 70. Sp. 17 statt 18 **19**.

  „ **Birkenwalde***. S. 70. Sp. 1 statt 254 **260**.

  „ **Birresborn**. S. 70/1. Sp. 19 statt 6000 **5000**, Sp. 23 einzutragen Fahrzeuge.

  „ **Bischhausen**. S. 72/3. Sp. 31 statt Fritzlar Cassel II.

  „ **Bischofferode**. S. 72/3. Sp. 1 statt 350 **200**, Sp. 31 statt Fritzlar Cassel II.

  „ **Bischofswerder**. S. 72/3. Sp. 17 statt 15 **16**, Sp. 25 statt Rosenberg Westpr. Löbau, Sp. 27 statt Elbing Thorn, Sp. 28 statt Deutsch-Eylau Löbau, Sp. 29 statt Elbing Thorn, statt Deutsch-Eylau Löbau, Sp. 34 einzutragen Brennereien, Ziegeleien, Sp. 35 zuzusetzen Stangenwalde 5 km (Ch), Schwarzenau 7 km (Ch).

  „ **Biskupitz**. S. 72/3. Sp. 23 zuzusetzen und schwere Fahrzeuge, Sp. 35 überall Dorf und Gut zu streichen.

  „ **Bismark i. W.** S. 72. Der Stationsname ist in Bismarck richtigzustellen, Sp. 1 statt Bhf. 2 Kl. Bhf. 1. Kl., Sp. 7 bei selbstständige Güter-Abf.-Stelle einzutragen 1, Sp. 15 statt 4 **7**, Sp. 16 statt 5 **8**, Sp. 20 einzustellen 1.

  „ **Bitterfeld**. S. 74/5. Sp. 19 statt 1000 **10000**, Sp. 23 einzutragen Sprengstoffe.

  „ **Blankenberg** (Sieg.). S. 74/5. Sp. 33 zu streichen R, Sp. 35 einzutragen Bödingen 2 km.

  „ **Blankenese**. S. 74/5. Sp. 23 einzutragen Sprengstoffe.

  „ **Blankenstein**. S. 76. Sp. 17 statt 10 **12**.

  „ **Bleidenstadt***. S. 76/7. Sp. 5 hinter Wiesbaden zu setzen I, Sp. 17 statt 1 **3**, Sp. 23 einzutragen Fahrzeuge.

  „ **Blersum***. S. 76/7. Sp. 30 statt Leer Emden.

  „ **Blumenthal*** (Prignitz). S. 78/9. Sp. 23 einzutragen Sprengstoffe.

  „ **Blumenthal** (Ostpr.). S. 78. Sp. 1 zuzusetzen 3 E.

  „ **Blumenthal*** (Hannover). S. 78. Sp. 1 statt 1664 **2914**, Sp. 17 statt 8 **4**.

  „ **Bobelwitz***. S. 78. Sp. 17 statt 3 **2**.

  „ **Bobrek**. S. 78. Sp. 5 statt II **III**, Sp. 21 statt 2 **1**.

  „ **Bocholt**. S. 78/9. Sp. 1 statt 13034 **14000**, Sp. 34 statt Waffenfabrik Wattenfabrik, Sp. 35 bei Werth statt 6 **8** km, bei Suderwyk statt 6 **10** km.

  „ **Bochum** (B. M.) S. 80/1. Sp. 1 statt 47296 **53400**, Sp. 9 statt N **2**, Sp. 15 statt 23 **30**, Sp. 17 statt 76 **122**, Sp. 19 nachzutragen $\frac{25000}{1000}$ kg, Sp. 27 und Sp. 29 statt Essen Bochum.

  „ **Bochum** (Gußstahlfabrik). S. 80/1. Sp. 27 und Sp. 29 statt Essen Bochum.

  „ **Bochum** (Rh.). S. 80/1. Sp. 17 statt 75 **68**, Sp. 27 und Sp. 29 statt Essen Bochum.

  „ **Bockenheim**. S. 80/1. Sp. 35 nachzutragen Hausen 2 km (Ch).

  „ **Bodenfelde**. S. 80/1. Sp. 34 nachzutragen Schuhleistenfabrik, Spinnerei.

  „ **Böhmischdorf**. S. 80/1. Sp. 22 zu streichen Privatbestätterei.

  „ **Bölkau***. S. 82/3. Sp. 33 zu streichen R.

  „ **Bölzke***. S. 82/3. Sp. 23 nachzutragen Leichen, Fahrzeuge, Sprengstoffe.

  „ **Börssum**. S. 82. Sp. 13 statt 2 **1**, Sp. 17 statt 70 **98**,

  „ **Bösdorf**. S. 82/3. Sp. 22 zu streichen Privatbestätterei.

  „ **Bohmte**. S. 82/3. Sp. 18 einzutragen 1, Sp. 25 statt Osnabrück Wittlage.

  „ **Boisheim**. S. 84/5. Sp. 35 zu streichen Dülkener Mette 3 km (L), Cölsum 4 km (L) und nachzutragen Dillik 4 km (Ch).

  „ **Boizenburg**. S. 84/5. Sp. 23 einzutragen Sprengstoffe.

  „ **Bojanowo**. S. 84. Sp. 10 einzutragen 2, Sp. 19 zu streichen 1, **25000** kg.

2*

Station **Bokelholm.** S. 84/5. Sp. 23 zuzusetzen Sprengstoffe.

„ **Bokhorst.** S. 84/5. Sp. 23 zuzusetzen Sprengstoffe, Sp. 35 zuzusetzen Altenrade 5 km (L), Neuenrade 3 km (L), Schönhagen 5 km (L), Schiphorst 3 km (L).

„ **Bollersleben.** S. 86/7. Sp. 23 zuzusetzen Sprengstoffe.

„ **Bommern.** S. 86. Sp. 17 statt 9 **14**, Sp. 21 statt 2 **4**.

„ **Bonenburg.** S. 86/7. Sp. 1 statt 1750 **721**, zu streichen Sp. 19 1, 7500 kg, Sp. 34 Glashütte.

„ **Bovstedt.** S. 86/7. Sp. 23 nachzutragen Sprengstoffe.

„ **Borbeck Rh.** S. 88. Sp. 18 einzutragen **1**.

„ **Bordesholm.** S. 88/9. Sp. 23 einzutragen Sprengstoffe.

„ **Borek*.** S. 88/9. Sp. 26 einzutragen Borek.

„ **Borgholz.** S. 88/9. Sp. 26 einzutragen Amt Borgentreich.

„ **Borken** (Hessen-Nassau). S. 90/1. Sp. 34 einzutragen Molkerei.

„ **Born*.** S. 90/1. Sp. 35 zu streichen Bracht 2 (L).

„ **Borsigwerk.** S. 90/1. Sp. 5 statt II **III**, Sp. 34 nachzutragen Steinkohlengrube.

„ **Bottrop** (C. M.). S. 92. Sp. 17 statt 20 **21**.

„ **Boux.** S. 92. Sp. 17 statt 27 **31**.

„ **Brachbach.** S. 92/93. Sp. 23 zuzusetzen ferner Sprengstoffe.

„ **Brackwede.** S. 94. Nachzutragen Sp. 10 **1**, Sp. 19 **10000 kg**; Sp. 17 statt 39 **18**.

„ **Bradegrube.** S. 94/5. Sp. 26 zu streichen Ober-Lazisk.

„ **Brahlstorf.** S. 94/5. Sp. 22 einzutragen Güter-Nebenstelle in Neuhaus a. d. Elbe und Vellahn, Sp. 23 einzutragen Sprengstoffe.

„ **Brahnau.** S. 94/5. Einzutragen Sp. 23 schwere Fahrzeuge, Sp. 34 Ziegeleien, Schneidemühlen.

„ **Brand** (Regbz. Frankfurt a. O.). S. 96. Sp. 17 statt 9 **12**.

„ **Brandenburg a. H.** S. 96. Sp. 5 zuzusetzen a. H.

„ **Braubach.** S. 96. Sp. 5 hinter Wiesbaden zu setzen II, Sp. 17 statt 1 **9**.

„ **Braunfels.** S. 96/7. Sp. 17 statt 1 **10**; einzutragen Sp. 34 Eisengruben, Kalkwerk, Sp. 35 Leun 2 km (L), Philippstein 7 km (L).

„ **Braunsberg.** S. 96/7. Sp. 5 zu streichen I, Sp. 13 statt 2 **1**, Sp. 15 statt 4 **2**; nachzutragen Sp. 22 (**11 km**), Sp. 35 Frauenburg 11 km (Ch).

„ **Braunschweig** (Hauptbhf.). S. 96. Sp. 13 statt 2 **1**, Sp. 17 statt 182 **216**, Sp. 18 statt 2 **3**.

„ **Braunschweig** (Ostbhf.). S. 98. Sp. 10 statt 1 **2**, Sp. 17 statt 58 **67**.

„ **Braunswalde*.** S. 98/9. Sp. 1 statt 869 **906**, Sp. 23 nachzutragen u. Vieh; einzutragen Sp. 34 Molkerei, Sp. 35 Conradswalde 3 km (Ch), Gorrey 2 km (Ch), Grünhagen 4 km (L), Wengern 5 km (L).

„ **Breddin.** S. 98/9. Sp. 1 statt Haltep. f. P. Haltest. f. P. u. G., einzutragen Sp. 17 **5**, Sp. 23 größere und schwerwiegende Fahrzeuge sowie Sprengstoffe.

„ **Bredebro.** S. 98. An den Stationsnamen ist ein * zu machen.

„ **Bredelar.** S. 98/9. Sp. 34 nachzutragen Gießerei, Sp. 35 bei Padberg hinzuzufügen (L), bei den übrigen Orten (Ch).

„ **Brehna.** S. 100/1. Sp. 33 einzutragen Zuckersteuerstelle.

„ **Breitenheide*.** S. 100/1. Sp. 1 nachzutragen **60** E., Sp. 23 zu streichen Personen u. Gepäck.

„ **Bremen.** S. 100. Sp. 1 statt 124887 **124955** E., Sp. 10 statt 2 **5**, Sp. 13 statt 1 **2**, Sp. 15 statt 64 **81**, Sp. 16 statt 72 **110**, Sp. 17 statt 269 **234**, Sp. 18 statt 3 **5**, Sp. 19 soll lauten $\frac{4}{1}$, Sp. 20 statt 2 **4**, Sp. 21 statt 3 **4**.

$$\frac{5000}{3}$$
$$\frac{1500}{\text{kg}}$$

Station **Bremerhaven**. S. 100. Sp. 7 statt 1 **2**, Sp. 15 statt 6 **3**, Sp. 17 statt 151 **176**, Sp. 18 statt 10 **8**, Sp. 19 statt 10 **13** und zwar je **1 à 5000, 6000, 8000, 12500, 45000, 75000, 2 à 7500, 2 à 20000, 3 à 1500 kg.**

„ **Breslau** (Märkischer Bhf.). S. 102/3. Sp. 23 einzutragen Sprengstoffe.

„ **Breslau** (Oberschl. Bhf.). S. 102. Sp. 10 statt 8 **9**, Sp. 11 einzutragen **1**, Sp. 17 statt 430 **435**, Sp. 19 statt 4 **3**, daselbst zu streichen **20000**.

„ **Breyell**. S. 102. Nachzutragen Sp. 5 **II**, Sp. 10 **1**.

„ **Brieg**. S. 104. Sp. 18 statt 1 **2**.

„ **Briesen** (Westpr.). S. 104. Sp. 1 statt 4000 **5000**, Sp. 19 soll lauten $\frac{2}{1250}$ **kg**

„ **Britz**. S. 104. Sp. 18 statt 2 **1**.

„ **Brockhöfe**. S. 104. Sp. 1 statt 222 **202**.

„ **Broddy-Damm***. S. 104/5. Sp. 1 zuzusetzen (Im Gemeindebezirk Karbowo gelegen), Sp. 23 nachzutragen Fahrzeuge.

„ **Brödlauken***. S. 104/5. Sp. 1 statt 40 **33**, Sp. 17 einzutragen **2**, Sp. 35 statt Drobolinen **Drebolinen**.

„ **Bröns**. S. 104/5. Sp. 1 ist dem Stationsnamen ein * beizusetzen, Sp. 23 einzutragen Sprengstoffe.

„ **Brösen**. S. 106/7. Sp. 1 zuzusetzen (Im Stadtbezirk Danzig gelegen.), Sp. 8 statt V **I**, Sp. 33 zu streichen **R**; Sp. 35 einzutragen Ostseebad Brösen 1 km (L).

„ **Broich**. S. 106. Sp. 17 statt 14 **15**.

„ **Brokstedt**. S. 106/7. Sp. 23 einzutragen Sprengstoffe.

„ **Bromberg**. S. 106/7. Sp. 32 nachzutragen **P**, Sp. 34 zu streichen Glashütte, Papierfabrik.

„ **Bruch**. S. 106/7. Sp. 17 statt 33 **28**, Sp. 27 statt Münster **Bochum**, Sp. 34 nachzutragen Dampfsägewerk.

„ **Bruchköbel**. S. 108. Sp. 1 statt Bhf. 3. Kl. **Haltest. f. P. u. G.**

„ **Brück a. d. Ahr**. S. 108. Sp. 20 einzustellen **1**.

„ **Brück** (Mark). S. 108/9. Sp. 35 einzutragen Gömnigk 4 km (L), Freienthal 8 km (L) Damelang 8 km (L).

„ **Brügge*** (Prignitz). S. 108/9. Sp. 23 einzutragen Sprengstoffe.

„ **Brügge*** (Westf.). S. 108/9. Sp. 16 statt 4 **5**, Sp. 17 statt 32 **31**, Sp. 20 einzutragen **1**, Sp. 22 zu streichen Güter-Nebenstelle Meinerzhagen (16 km).

„ **Brüggen*** (Rheinland). S. 108. Sp. 15 statt 1 **2**.

„ **Brüheim-Sonneborn***. S. 110/1. Sp. 23 einzutragen Fahrzeuge, Sprengstoffe.

„ **Brunau-Packebusch**. S. 110. Sp. 17 statt 8 **6**.

„ **Buchenau***. S. 110/1. Sp. 23 einzutragen Sprengstoffe.

„ **Buchholz** (Hannover). S. 112/3. Sp. 14 statt 1 **2**, Sp. 17 statt 55 **52**, Sp. 18 statt 1 **2**, Sp. 25 statt Harburg Harburg Land, Sp. 31 statt Harburg Lüneburg.

„ **Buchwald**. S. 112/3. Sp. 34 statt Wassermühle Wassermühlen u. hinter Mallmitz einzuschalten u. Barge.

„ **Buchwalde***. S. 112/3. Sp. 35 statt Borgfriede Bergfriede u. bei Gr. Buchwalde statt 2 **4**.

„ **Buckau**. S. 112/3. Sp. 16 statt 59 **63**, Sp. 23 zu streichen Gepäck.

„ **Büchen**. S. 114/5. Sp. 6 zu streichen **1**, Sp. 23 einzutragen Sprengstoffe.

„ **Bückeburg**. S. 114. Einzutragen Sp. 10 **1**, Sp. 15 **1**, Sp. 17 statt 22 **17**.

„ **(Büden)***. S. 114/5. Sp. 1 zu streichen ( ), Sp. 5 zuzusetzen a. H.; einzutragen Sp. 22 Privatbestätterei, Sp. 23 Fahrzeuge, Sprengstoffe.

„ **Büderich**. S. 114/5. Sp. 34 einzutragen Bierbrauerei.

Station **Büdesheim***. S. 114/5. Sp. 23 zu streichen Leichen, Sp. 26 statt Rüdesheim Büdesheim, Sp. 35 bei Schwirzheim zuzusetzen (L).

„ **Bülderup-Bau**. S. 114/5. Sp. 1 ist bei dem Stationsnamen ein * zu setzen, Sp. 23 nachzutragen Sprengstoffe.

„ **Bünde**. S. 114. Sp. 10 einzustellen 1, Sp. 17 statt 15 13, Sp. 19 zuzusetzen **10000 kg**.

„ **Buer**. S. 116. Sp. 17 statt 11 7.

„ **Büsum***. S. 116/7. Sp. 13 zu streichen 1, Sp. 23 hinzuzufügen Sprengstoffe.

„ **Bütow***. S. 116/7. Sp. 17 einzutragen 9, Sp. 35 statt Rossin Rossin.

„ **Büttel***. S. 116/7. Sp. 19 zu streichen 1, **800 kg**, Sp. 23 einzutragen Sprengstoffe.

„ **Bufleben**. S. 116. Sp. 17 statt 8 10.

„ **Buxendorf***. S. 118/9. Sp. 23 einzutragen Sprengstoffe.

„ **Buldern**. S. 118/9. Sp. 26 statt Dülmen Amt Buldern.

„ **Bullay**. S. 118/9. Sp. 17 statt 14 15. Sp. 34 statt Altlach Altlay.

„ **Bunzlau**. S. 118/9. Sp. 30 einzutragen Liegnitz.

„ **Burbach** (bei Saarbrücken). S. 120/1. Der Stationsname ist in Burbach (Saar) zu ändern. Sp. 17 statt 37 35, Sp. 22 einzusetzen Bahnamtlich.

„ **Burbach** (Westf.). S. 120/1. Der Stationsname ist in Burbach (Sieg) zu ändern. Nachzutragen Sp. 18 1, Sp. 23 Fahrzeuge, Sprengstoffe, Sp. 34 Gerbereien, Sp. 35 Wahlbach 2 km, Wiederstein 4 km.

„ **Burg** (Mosel)*. S. 120. Sp. 1 zu setzen †) mit der Anmerkung: †) Fahrkarten-Verkauf durch den Zugführer.

„ **Burg** (bei Magdeburg). S. 120. Sp. 5 zuzusetzen a. H.

„ **Burgdorf**. S. 120/1. Sp. 1 statt 3392 3386, Sp. 18 statt 1 2, Sp. 33 statt U I, Sp. 35 bei Schillerslage statt 2 4, statt Bänigsen 4 km (Ch) Hänigsen 8 km (Ch).

„ **Burghaun**. S. 120/1. Sp. 34 zuzusetzen Molkerei.

„ **Burghofen**. S. 122/3. Sp. 31 statt Fritzlar Cassel II.

„ **Burgkemnitz**. S. 122/3. Sp. 23 einzutragen Sprengstoffe.

„ **Burg-Lesum**. S. 122. Sp. 1 statt 1446 1510, Sp. 17 statt 35 28, Sp. 19 nachzutragen 2700 kg.

„ **Burgsolms**. S. 122/3. Sp. 17 statt 1 8, Sp. 23 zu streichen Leichen, Fahrzeuge und lebende Thiere, einzutragen Sp. 32 A, Sp. 35 Oberndorf 2 km (Ch).

„ **Burgsteinfurt**. S. 122/3. Sp. 17 statt 33 34, Sp. 35 nachzutragen Wettringen 8 km (Ch).

„ **Burgtonna***. S. 122/3. Sp. 23 nachzutragen Fahrzeuge.

„ **Burgwaldniel***. S. 122/3. Sp. 34 einzutragen Leinenwebereien.

„ **Burscheid***. S. 124/5. Sp. 34 einzutragen Ziegelei, Färberei, Spinnerei, Weberei, Calico- u. Schäfte-Fabrik.

„ **Burxdorf**. S. 124/5. Sp. 22 statt Elster Elbe, Sp. 30 einzutragen Halle a. S.

„ **Buttstädt***. S. 124. Sp. 17 statt 15 17.

Station **Cabel**. S. 126/7. Sp. 34 zu streichen chemische Fabrik.

„ **Cadenberge**. S. 126/7. Sp. 23 einzustellen Fahrzeuge.

„ **Cader-Schleuse**. S. 126. Sp. 5 zuzusetzen a. H.

„ **Calau**. S. 126/7. Sp. 17 statt 31 23, Sp. 35 statt Jaßleben Saßleben.

„ **Calbe a S.** S. 126/7. Nachzutragen Sp. 23 u. Privatbestätterei, Sp. 34 Dampfziegeleien

„ **Caldern***. S. 126/7. Sp. 23 einzutragen Sprengstoffe.

„ **Callehne**. S. 126. Sp. 17 statt 8 6.

Station **Camenz** (Schlesien). S. 128. Sp. 16 statt 5 **4**, Sp. 17 statt 50 **52**.

„ **Camin***. S. 128/9. Sp. **22** zu streichen Privatbestätterei, Sp. 23 nachzutragen Sprengstoffe, Sp. 32 zu streichen P.

„ **Camp**. S. 128. Sp. 5 zuzusetzen II, Sp. 17 statt 1 **8**.

„ **Camphausen** (Gr). S. 128. Sp. 17 statt 20 **19**.

„ (**Cantreck**)*. S. 128/9. Sp. 1 zu streichen ( ) und nachzutragen **500** E., einzutragen Sp. 17 **4**, Sp. 32 P.

„ **Carden**. S. 130/1. Sp. 17 statt 13 **15**, Sp. 23 einzutragen Fahrzeuge.

„ **Carlsberg**. S. 130. Sp. 17 statt 6 **5**.

„ **Carlshafen*** (B. M). S. 130. Sp. 14 statt 4 **1**.

„ **Carlshütte***. S. 130/1. Sp. 23 einzutragen Sprengstoffe.

„ **Carnap**. S. 130. Sp. 1 ist der Stationsname in Carnap richtigzustellen. Zu streichen Sp. 9 N, Sp. 13 **1**; Sp. 17 statt 18 **22**, Sp. 21 statt 5 **4**.

„ **Carsdorf***. S. 132/3. Sp. 1 statt Bhf. 3. Kl. Haltest f. P. u. G., nachzutragen Sp. 34 Brauerei, Getreide-Niederlage, Sp. 35 Albersroda 6 km (Ch), Wennungen 3 km (Ch), Schnellroda 6 km (L), zu streichen Worungen 3 km (Ch).

„ **Carthaus***. S. 132/3. Sp. 1 statt Bhf. 3. Kl. Haltest. f. P. u. G., Sp. 33 statt R U, Sp. 34 einzutragen Brauerei, Schneidemühlen.

„ **Carwitz**. S. 132. Sp. 10 zu streichen 1.

„ **Casekow**. S. 132. Sp. 17 statt 13 **15**.

„ **Casel***. S. 132. Sp. 1 ist ein †) zu setzen mit der Anmerkung: †) Fahrkarten-Verkauf durch den Zugführer, Sp. 2 zuzusetzen r. M.

„ **Cassel** (Oberstadt). S. 134. Sp. 19 nachzutragen **1000 kg**.

„ **Cassel** (Rangirbhf.). S. 134. Sp. 16 statt 38 **35**, Sp. 19 statt 3 **4** und darunter $\frac{3}{1000}$ $\frac{1}{5000}$ kg.

„ **Cassel** (Unterstadt). S. 134. Sp. 19 statt 4 **8** und nachzutragen **1000, 1600, 20000 kg**.

„ **Castrop** (jetzt Rauxel). S. 134/5. Sp. 20 einzutragen 1, Sp. 32 zu streichen O, Sp. 35 statt Blaienhorst Bladenhorst, statt Makinghofen Mekinghofen, statt Herrseburg Horneburg, statt Achsen Uhsen.

„ **Castrop**. S. 134/5. Sp. 17 statt 19 **20**, Sp. 34 nachzutragen Sprengstoff-Fabrik.

„ **Caternberg**. S. 134. Sp. 8 statt V **III**.

„ **Catlenburg**. S. 134/5. Sp. 34 nachzutragen Molkerei.

„ **Cattenes**. S. 134/5. Sp. 23 einzutragen Fahrzeuge.

„ **Caub**. S. 136. Sp. 1 statt Bhf. 2. Kl. Bhf. 3. Kl., Sp. 5 zuzusetzen II, Sp. 17 statt 1 **11**.

„ **Celle**. S. 136. Sp. 1 statt 18903 **20021**, Sp. 17 statt 33 **36**, Sp. 18 statt 2 **4**.

„ **Central-Viehhof**. S. 136/7. Sp. 20 statt 1 **2**, Sp. 31 zuzusetzen I u. II, Sp. 34 statt Aluminiumfabrik Albuminfabrik. In der Anmerkung am Fuße der Seite ist Altona zu streichen.

„ **Charlottenburg**. S. 136/7. Sp. 16 statt 20 **50**, Sp. 17 statt 82 87, Sp. 23 nachzutragen Leichen u. Fahrzeuge.

„ **Charlottenhof** (Oberlausitz). S. 136/7. Sp. 34 statt Naundorf Neundorf.

„ **Charlottenhof** (bei Patsdam). S. 136/7. Sp. 1 statt Bhf. 3. Kl. Haltep. f. P., Sp. 23 zu streichen Güter, Leichen, Fahrzeuge u. Vieh.

„ **Chausseehaus***. S. 136/7. Sp. 5 nachzutragen I., Sp. 17 statt 1 7, Sp. 23 nachzutragen Großvieh sowie Kleinvieh in Wagenladungen.

„ **Chmiellowitz***. S. 138/9. Sp. 34 statt Ziegelei Dampf-Ziegeleien.

Station **Chorzow**. S. 138. Sp. 5 statt I*III.

„   **Chronstau**. S. 138/9. Sp. 22 zu streichen Privatbestätterei, Sp. 23 zuzusetzen Sprengstoffe.

„   **Clasdorf**. S. 138/9. Sp. 23 nachzutragen Gepäck, Eilgut, Stückgut, Fahrzeuge, Leichen u. Vieh.

„   **Cleve**. S. 138/9. Sp. 15 statt 10 **8**, Sp. 19 hat zu lauten $\frac{3}{1}$ Sp. 34 statt Butterfabriken
Margarinefabriken.   6000
     2*
     1500
     3000
     kg
     (* fahrbar)

„   **Cliestow**. S. 138. Sp. 1 statt Haltest. Haltep., Sp. 21 einzutragen **2**.

„   **Clötze***. S. 138. Sp. 17 statt 7 **8**.

„   **Clotten**. S. 140. Sp. 1 statt Haltest. Haltep.

„   **Cobern** (Gondorf). S. 140. Sp. 17 statt 12 **16**.

„   **Coblenz** (Güterstation). S. 140. Sp. 19 statt 5 **6** u. hinter 1100 zuzufügen **7500**.

„   **Cochem**. S. 140/1. Sp. 16 statt 18 **21**, Sp. 17 statt 33 **42**, Sp. 33 statt U **S**, Sp. 35 bei Ernst
und bei Bruttig zuzusetzen **(Ch)**.

„   **Cölleda***. S. 140/1. Sp. 1 statt 4000 **3500**, Sp. 16 statt 3 **4**, Sp. 22 vorzusetzen Bahnamtliche
und, Sp. 23 einzutragen große Künstlerwagen.

„   **Cöln** (Centralpersonenbhf.). S. 140. Sp. 1 statt Central= Haupt=, nachzutragen Bhf. I. Kl.

„   **Cöln** (Gereon). S. 142/3. Sp. 1 hinzuzufügen Bhf. I. Kl. mit Personenstation Cöln-West. Sp. 7
unter selbstständ. Fahrk.=Ausg. einzutragen **1**, Sp. 16 statt 88 **62**, Sp. 20 statt 1 **2**, Sp. 23 zu
streichen Personen u. Gepäck mit Ausschluß von.

„   **Cöln** (Pantaleon). S. 142/3. Der Stationsname ist in Cöln=Süd zu ändern. Sp. 7 unter selbstständ.
Fahrk.=Ausg. einzutragen **1**, Sp. 19 statt 1 **2** und nachzutragen **15000**; Sp. 23 soll lauten
Eilgut= und Stückgut=Empfang, Sp. 35 sind die Ortschaften, welche weiter unten bei Cöln=
Süd angeführt sind, einzutragen u. dort zu streichen.

„   **Cöln** (Süd). S. 142/3 nebst allen Angaben zu streichen.

„   **Cöln** (West). S. 142/3 nebst allen Angaben zu streichen.

„   **Cöln-Deutz** (B. M.). S. 142/3. Sp. 1 zuzusetzen a) Personenbhf.: Deutz, b) Güterbhf.: Cöln=
Deutz B. M., Sp. 23 soll lauten: Sprengstoffe, Stückgut, Straßenfuhrwerke u. Vieh.
Zugelassen sind jedoch auf Anschlußwerken verladene Fahrzeuge, ferner Hunde als Be=
gleiter von Reisenden u. solches Kleinvieh, welches bei der Gepäck=Abfertigungsstelle
aufgeliefert werden kann.

„   **Cönnern**. S. 144/5. Sp. 17 statt 32 **43**, Sp. 33 statt U **S**.

„   **Cörlin a. Perf.** S. 144/5. Sp. 31 statt Cöslin Belgard.

„   **Coesfeld**. S. 144. Sp. 7 bei selbstständ. Güter=Abf.=Stelle einzutragen **1**, Sp. 17 statt 21 **20**,
Sp. 19 einzutragen **1**, **4000 kg**.

„   **Cöslin**. S. 144/5 Sp. 10 zu streichen **1**, Sp. 31 statt Cöslin Belgard.

„   **Cöthen**. S. 144. Sp. 6 zu streichen **1**, Sp. 7 zu streichen **1** selbstständ. Gepäck= und 1 selbstständ. Eilg.
Abf.=Stelle, Sp. 16 statt 21 **34**, Sp. 17 statt 107 **108**, Sp. 21 statt 11 **10**.

„   **Colberg**. S. 144/5. Sp. 10 zu streichen **1**, Sp. 19 statt 4 **3** und statt 2 **1**, Sp. 31 statt Cöslin
Belgard.

„   **Colbitzow**. S. 144. Sp. 18 statt 2 **1**, Sp. 20 einzutragen **1**.

„   **(Collafen)***. S. 144/5. Sp. 1 zu streichen **( )** und statt 124 **172**, Sp. 23 einzutragen Fahrzeuge.

„   **Conradswalde***. S. 146. Sp. 1 zu streichen (keine Ortschaft), nachzutragen **250** E., Sp. 8 ein=
zutragen **V**.

„   **Conz**. S. 146/7. Sp. 17 statt 27 **28**, Sp. 32 zu streichen Conz.

„   **Corbetha**. S. 146. Sp. 15 einzutragen **3**, Sp. 19 zu streichen **1**, **30000 kg**, Sp. 21 einzutragen **1**.

Station **Cordel**. S. 146/7. Sp. 17 statt 6 **9**, Sp. 35 statt Vietzweiler **Vutzweiler**, statt Mohn **Mühn**.

" **Cordingen**. S. 146/7. Sp. 1 statt 128 **170**, Sp. 34 nachzutragen Schneidemühle.

" **Cornberg**. S. 148/9. Sp. 28 statt Rotenburg a. F. Sontra, Sp. 35 einzutragen Berneburg 5 km (**Ch**).

" **Cosel-Kandrzin**. S. 148/9. Sp. 10 zu streichen **1**, Sp. 22 zu streichen Bahnamtliche und, zuzusetzen Sp. 33 U, Sp. 34 Dampfmehlmühle.

" **Cottbus**. S. 150. Sp. 16 statt 85 **114**, Sp. 17 statt 131 **135**.

" **(Crawinkel)***. S. 150/1. Sp. 1 zu streichen ( ); einzutragen in Sp. 17 **2**, Sp. 18 **1**, Sp. 23 Fahrzeuge und Sprengstoffe, Sp. 30 Gotha, Sp. 34 Kienruß-Fabriken, Mühlsteinbrüche, Sp. 35 Friedrichsanfang 1 km (**Ch**).

" **Crefeld**. S. 150. Sp. 16 statt 24 **26**, Sp. 19 statt 4 **3** und zu streichen **5000**.

" **Crensitz**. S. 152. Sp. 7 zu streichen **1**.

" **Creuzthal**. S. 152/3. Sp. 18 einzutragen **1**, Sp. 19 statt 2500 **25000**, Sp. 35 statt 23 **3**.

" **Cronenberg***. S. 152/3. Sp. 23 nachzutragen Sprengstoffe.

" **Crossen a. Elster**. S. 152. Sp. 19 zu streichen **1**, **2000 kg**, einzutragen Sp. 20 und 21 je **1**.

" **Crummendorf***. S. 154/5. Sp. 1 zu setzen ††† mit der Anmerkung: †††) Fahrkarten-Verkauf durch den Zugführer, zu streichen Sp. 22 Privatbestätterei, Sp. 23 Stückgut.

" **Cues-Berncastel***. S. 154/5. Sp. 32 zu streichen Berncastel, Sp. 33 statt St A S, Sp. 34 nachzutragen Tabakfabriken, Sp. 35 überall nachzutragen (**Ch**).

" **Cüstrin**. S. 154. Sp. 7 bei selbständ. Fahrk.-Ausg.-Stelle zu streichen **1**, Sp. 16 statt 6 **2**.

" **Cüstrin** (Vorstadt). S. 154. Sp. 4 nachzutragen (Berlin-Schneidemühl), Sp. 17 statt 106 **110**, Sp. 18 statt 2 **1**.

" **Culm***. S. 154/5. Sp. 33 statt H S I, Sp. 34 nachzutragen Brauereien.

" **Culmikau**. S. 154/5. Sp. 22 zu streichen Privatbestätterei, Sp. 23 zu streichen Leichen, Fahrzeuge und Vieh und nachzutragen Sprengstoffe.

" **Culmsee***. S. 154/5. Sp. 1 statt 5000 **6332**, Sp. 10 zu streichen **1**, Sp. 17 statt 18 **20**, Sp. 19 zu streichen Wasserkrahn, Sp. 28 statt Culmsee Thorn, Sp. 29 soll lauten St u. A Thorn, Sp. 33 statt S U, Sp. 34 zuzusetzen Brauerei, Sp. 35 zu streichen Culmsee Vorwerk 3 km (**L**), Sternberg 5 km (**Ch**).

" **Curve** (Biebrich). S. 156. Sp. 5 nachzutragen I, Sp. 17 statt 1 **22**.

" **Cuxhaven**. S. 156/7. Sp. 15 statt 4 **6**, Sp. 17 zu streichen u. (Militairbahn, Sp. 19 einzutragen 1, **1600 kg**, Sp. 34 statt Domm Dörum.

" **Cuxhaven** (Hafenstation). S. 156/7. Sp. 33 zu streichen U.

" **Czempin**. S. 156/7. Sp. 22 zu streichen Privatbestätterei, Sp. 26 einzutragen Czempin.

" **Czersk**. S. 158. Sp. 13 statt 1 **2**.

Station **Daaden***. S. 160/1. Einzutragen Sp. 15 **1**, Sp. 34 Eisenstein-Grube, Bleierz-Gruben, Sp. 35 Derschen 6 km, Friedewald 5 km, Emmerzhausen 6 km, Weitefeld 5 km.

" **Dachrieden**. S. 160/1. Sp. 23 einzutragen Sprengstoffe.

" **Dahlbruch***. S. 160/1. Sp. 23 einzutragen Sprengstoffe, Sp. 34 zu streichen Holzkohlen-.

" **Dahlbusch**. S. 160. Sp. 17 statt 16 **10**, Sp. 21 statt 2 **3**.

" **Dahlenburg**. S. 160/1. Sp. 34 einzutragen Molkerei.

" **Dahler-Osterby***. S. 160/1. Einzutragen Sp. 17 **3**, Sp. 18 **1**, Sp. 23 Sprengstoffe; Sp. 26 statt Bredebro Wiesby.

" **Dahlhausen a. Ruhr**. S. 160/1. Sp. 7 einzutragen bei selbständ. Güter-Abf.-Stelle **1**, Sp. 13 zu streichen **1**, Sp. 17 statt 51 **63**, Sp. 26 statt Hattingen Amt Linden-Dahlhausen.

" **Dahmsdorf-Müncheberg**. S. 162. Sp. 1 statt 3856 **3790** E., Sp. 17 statt 16 **17**.

Station **Dalheim**. S. 162. Sp. 2 statt Rörmond Roermond, Sp. 16 statt 1 **2**, Sp. 17 statt 37 **33**, Sp. 20 statt 1 **2**.

„ **Dallgow**. S. 162. Sp. 10 einzutragen **1**, Sp. 17 statt 6 **9**.

„ **Dammer***. S. 164/5. Sp. 34 einzutragen Brennerei.

„ **Dannenberg**. S. 164/5. Sp. 34 zuzusetzen Dampfmühle.

„ **Danzig** (hohe Thor). S. 164/5. Sp. 7 bei selbständ. Gepäck-Abf.-Stelle zu streichen **1**, Sp. 13 zu streichen **1**, Sp. 15 statt 1 **2**, Sp. 32 nachzutragen P.

„ **Danzig** (lege Thor). S. 164/5. Sp. 7 bei selbständ. Gepäck-Abf.-Stelle zu streichen **1**, Sp. 14 statt 2 **4**, Sp. 16 statt 46 **48**, Sp. 17 statt 102 **111**, Sp. 21 statt 2 **3**, Sp. 32 zuzusetzen P, Sp. 33 zuzusetzen HZ, Sp. 34 nachzutragen Schneidemühlen, Eisengießereien, Brauereien, Glashütte, Gewehrfabrik, Artillerie-Werkstatt.

„ **Danzig** (Olivaer Thor). S. 166/7. Sp. 10 zu streichen **1**, Sp. 19 statt 5000 **10000**, Sp. 21 zu streichen **1**, Sp. 32 nachzutragen P.

„ **Danzig*** (Weichselbhf.). S. 166/7. Sp. 19 statt 1 **2** und zuzusetzen **1500**, Sp. 21 zu streichen **1**, Sp. 32 zuzusetzen P.

„ **Darfeld**. S. 166/7. Sp. 34 statt Dachziegel- und Kalk-Brennereien Dampfsägewerk.

„ **Darkehmen***. S. 166/7. Sp. 1 statt 3448 **3500**, Sp. 35 statt Stadt Angerburg Angerburg, statt Szabienen Beynuhnen, bei Gudwallen statt 9 **8** km.

„ **Dauenhof**. S. 166/7. In Sp. 1 hat die Bemerkung zu lauten: (Zur Gemeinde Westerhorn — 353 E. — gehörig), daselbst zu streichen **868** E.; Sp. 23 nachzutragen Sprengstoffe, Sp. 25 statt Steinburg Pinneberg, Sp. 26 statt Hohenfelde Hörnerkirchen, Sp. 28 statt Krempe Ranzau, Sp. 29 statt A Krempe A Hörnerkirchen, Sp. 31 statt Rendsburg Altona.

„ **Dechen**. S. 166. Sp. 17 statt 19 **18**.

„ **Deckbergen**. S. 168/9. Sp. 35 statt 6 **5**.

„ **Degow**. S. 168/9. Sp. 31 statt Cöslin Belgard.

„ **Deimlinger Mühle**. S. 168/9. Die Station ist mit allen Angaben zu streichen.

„ **Delitzsch**. S. 168. Sp. 14 einzutragen **1**.

„ **Dellbrück***. S. 168/9. Sp. 17 statt 3 **5**, Sp. 23 einzutragen Sprengstoffe.

„ **Dellwig**. S. 168. Sp. 8 statt V **II**.

„ **Delstern***. S. 168/9. Sp. 21 statt 1 **2**, Sp. 23 einzutragen Sprengstoffe.

„ **Densborn**. S. 170/1. Sp. 23 einzutragen Fahrzeuge.

„ **Derschlag***. S. 170/1. Sp. 1 statt 1504 **1700**, Sp. 10 zu streichen **1**, Sp. 16 statt 5 **6**, Sp. 34 nachzutragen Knochenmühlen, Dampfsägewerk.

„ **Dessau**. S. 172. Sp. 16 statt 9 **12**.

„ **Detmold**. S. 172. Sp. 17 statt 22 **20**.

„ **Dettum**. S. 172/3. Sp. 23 soll lauten: Güter und Kleinvieh in Wagenladungen, Leichen, Fahrzeuge und Großvieh, Sp. 35 statt Mönke- Mönche-.

„ **Deuben**. S. 172/3. Sp. 23 zuzusetzen Eilgut und Stückgut.

„ **(Deutsch-Crottingen)***. S. 172/3. Sp. 1 zu streichen ( ), statt 105 **102**, einzutragen Sp. 18 **1**, Sp. 23 Fahrzeuge.

„ **Deutsch-Evern**. S. 172. Sp. 1 statt 246 **269**.

„ **Deutsch-Eylau**. S. 172/3. Sp. 1 statt 4300 **5701**, Sp. 18 statt 1 **2**; einzutragen Sp. 21 **1**, Sp. 35 Garden 8 km (Ch), Hansdorf 8 km (L), Herzogswalde 9 km (Ch), Schöneberg 8 km (Ch).

„ **Deutsch-Krone***. S. 172/3. Sp. 19 soll lauten $\frac{3}{1}$ 6000 $\frac{2}{1250}$ kg

Station **Deutſch-Leippe**. S. 174. Sp. 16 zu ſtreichen **2**.

„ **Deutſch-Kaſſelwitz**. S. 174. Sp. 16 ſtatt 4 **5**.

„ **Deußerfeld**. S. 174. Sp. 14 ſtatt 1 **2**, Sp. 15 ſtatt 24 **33**, Sp. 17 ſtatt 179 **171**.

„ **Dieringhauſen***. S. 176/7. Sp. 23 einzutragen Fahrzeuge.

„ **Dieskau**. S. 176/7. Einzutragen Sp. 17 **3**, Sp. 21 **1**, zu ſtreichen Sp. 23 Gepäck.

„ **Dießhauſen**. S. 176. Sp. 1 ſtatt Bhf. 3. Kl. 690 Halteſt. f. P. u. G. 700 **E.**, Sp. 35 zu ſtreichen Benshauſen 6 km (Ch).

„ **Dieß**. S. 176. Sp. 1 ſtatt 1. Kl. **2. Kl.**; zu ſtreichen Sp. 6 **1**, Sp. 7 ſelbſtänd. Fahrkarten=, Gepäck= u. Eilgut=Abfert.=Stelle je **1**, Sp. 17 ſtatt 1 **27**.

„ **Dillenburg**. S. 176/7. Sp. 16 ſtatt 7 **6**, Sp. 17 ſtatt 36 **42**, Sp. 21 ſtatt 8 **7**, Sp. 22 einzutragen Bahnamtlich.

„ **Dingden**. S. 176. Sp. 18 einzutragen **1**.

„ **Dinslaken**. S. 178/9. Sp. 17 ſtatt 17 **18**, Sp. 25 ſtatt Duisburg **Ruhrort**.

„ **Dirſchau**. S. 178/9. Sp. 7 bei ſelbſtänd. Fahrkarten=Ausgabeſtelle und bei ſelbſtänd. Gepäck=Abf.= Stelle zu ſtreichen je **1**, Sp. 16 ſtatt 84 **91**, Sp. 19 ſoll lauten $\frac{7}{2}$ Sp. 34 nachzutragen Ziegeleien, Dampf- u. Waſſermühlen.

2000
1
3000
900
6000
2
1500
kg

„ **Diſſen=Rothenfelde***. S. 178. Sp. 17 ſtatt 8 **10**.

„ **Dittersbach**. S. 178/9. Sp. 1 ſtatt 7579 **7822**, Sp. 17 ſtatt 113 **110**, Sp. 22 zu ſtreichen Bahnamtlich, Sp. 32 einzutragen **P**.

„ **Doberſchütz**. S. 178. Sp. 7 zu ſtreichen **1**.

„ **Dobrilugk-Kirchhain**. S. 178/9. Sp. 7 bei ſelbſtänd. Fahrkarten=Ausgabe-Stelle zu ſtreichen **1**, Sp. 21 einzutragen **1**, Sp. 34 zuzuſetzen Tabakfabrik.

„ **Döbern***. S. 180. Sp. 1 ſtatt 1000 **1100**.

„ **Döllens-Radung**. S. 180/1. Sp. 1 ſtatt 45 **43**, Sp. 34 einzutragen Dampf-Schneidemühle.

„ **Döllſtädt***. S. 180/1. Sp. 23 nachzutragen Fahrzeuge.

„ **Dönhofſtädt**. S. 180/1. Sp. 33 zu ſtreichen **R**.

„ **Döringau***. S. 180/1. Sp. 23 zu ſtreichen Sprengſtoffe, Sp. 29 nachzutragen A. Freyſtadt N.=Schl., Sp. 30 ſtatt Sagan **Liegnitz**.

„ **Dörrberg**. S. 182/3. Sp. 35 zu ſtreichen Crawinkel 5 km (Ch), Frankenhain 2 km (**L**).

„ **Dörverden**. S. 182. Sp. 1 ſtatt 929 **863**, Sp. 10 einzutragen **1**.

„ **Döſtrup**. S. 182/3. Sp. 1 bei Döſtrup ein * zuzufügen, Sp. 23 zu ſtreichen Größere, nachzutragen u. Sprengſtoffe.

„ **Dommitzſch***. S. 182/3. Sp. 22 zuzuſetzen Güternebenſtelle Prettin (4 km), Sp. 32 ſtatt P **A**.

„ **Domslau***. S. 184/5. Sp. 22 zu ſtreichen Privatbeſtätterei, Sp. 23 einzutragen Sprengſtoffe.

„ **Donndorf***. S. 184/5. Sp. 17 ſtatt 7 **9**, Sp. 22 zuzuſetzen Güternebenſtelle Wiehe (5 km), Sp. 35 nachzutragen Wiehe 5 km (Ch), Allerſtädt 7 km (Ch), Zeisdorf 7 km (Ch), Wollmirſtedt 6 km (Ch), Memmleben 7 km (Ch), Loſſa 7 km (Ch), Bucha 7 km (Ch), Schönewerda 3 km (Ch).

„ **Dornap**. S. 184/5. Sp. 8 ſtatt V **IV**, Sp. 17 ſtatt 26 **31**, Sp. 34 zuzuſetzen Kalkbrennerei, Cementfabrik.

„ **Dornap=Hahnerfurth**. S. 184. Sp. 8 ſtatt IV **V**.

„ **Dorſten**. S. 186. Sp. 17 ſtatt 29 **39**.

„ **Dortmunderfeld**. S. 186. Sp. 17 ſtatt 65 **75**, Sp. 21 ſtatt 4 **7**.

3*

Station **Doßheim***. S. 188. Sp. 5 zuzusetzen I, Sp. 17 statt 1 **5**.

„ **Drahnsdorf**. S. 188/9. Sp. 23 zuzusetzen Leichen, Vieh in Etagewagen, Fahrzeuge.

„ **Drebkau**. S. 188/9. Sp. 17 statt 6 **8**, Sp. 23 einzutragen Sprengstoffe.

„ **Dreileben-Drakenstedt**. S. 188/9. Sp. 28 u. 29 statt Seehausen a. M. Seehausen Kr. Wanzleben.

„ **Driburg**. S. 190. Sp. 17 statt 15 **17**.

„ **Driesen-Vordamm**. S. 190/1. Sp. 1 statt 5104 **5141**, Sp. 17 statt 23 **27**, Sp. 19 statt 1250 **2500**, Sp. 33 statt U S, Sp. 35 statt (L) (Ch).

„ **Drohndorf-Mehringen**. S. 192. Sp. 5 zuzusetzen I.

„ **Dryggallen***. S. 192/3. Sp. 28 u. 29 statt Johannisburg Bialla.

„ **Duderstadt***. S. 192. Sp. 17 statt 13 **14**.

„ **Dudweiler**. S. 192. Sp. 17 statt 13 **14**.

„ **Dülken**. S. 194. Sp. 17 statt 21 **20**, Sp. 20 einzutragen **1**.

„ **Dülmen**. S. 194/5. Sp. 17 statt 18 **20**, Sp. 33 einzutragen S.

„ **Düngen**. S. 194. Sp. 1 statt 3. Kl. 2. Kl.

„ **Dürrenberg**. S. 194. Sp. 5 zu streichen (W), Sp. 21 statt 1 **3**.

„ **Düsseldorf-Bilk**. S. 196/7. Sp. 17 statt 68 **72**, Sp. 21 statt 9 **10**, Sp. 22 statt Privatbestätterei Bahnamtlich für Abfuhr.

„ **Düsseldorf-Derendorf**. S. 196/7. Sp. 13 statt 1 **2**, Sp. 15 statt 34 **44**, Sp. 17 statt 249 **262**, Sp. 18 statt 3 **4**, Sp. 19 statt 4 **5** und zuzusetzen **5200**, Sp. 23 einzutragen Eilgut.

„ **Düsseldorf (Hauptbhf.)**. S. 196/7. Sp. 17 statt 60 **83**, Sp. 23 zu streichen Frachtgut, Leichen und Fahrzeuge.

„ **Düsseldorf-Lierenfeld**. S. 196/7. Sp. 7 unter selbständ. Güter-Abf.-Stelle einzutragen 1, Sp. 17 statt 36 **50**, Sp. 34 einzutragen Eisenwerke, Maschinenfabriken.

„ **Duisburg**. S. 196. Sp. 1 statt 58148 **59300**, Sp. 13 statt 2 **3**, Sp. 17 statt 290 **239**.

„ **Dyhernfurth**. S. 198/9. Sp. 10 statt 2 **3**, Sp. 22 zu streichen Privatbestätterei.

Station **Eberswalde**. S. 200. Sp. 18 statt 3 **4**.

„ **Eberstedt***. S. 200/1. Sp. 1 statt Eberstedt Eberstädt, Sp. 18 zu setzen **1**, Sp. 23 nachzutragen Fahrzeuge.

„ **Ebstorf**. S. 200. Sp. 1 statt 1434 **1461**, Sp. 17 statt 14 **11**, Sp. 18 statt 1 **2**.

„ **Echem**. S. 200/1. Sp. 23 statt größere schwerwiegende und nachzutragen und Sprengstoffe.

„ **Eckartsberga***. S. 200. Sp. 1 statt 2300 **2000**.

„ **Eddelak**. S. 202/3. Sp. 23 zu streichen größere, zuzusetzen und Sprengstoffe, Sp. 35 zu streichen Brunsbüttel 10 km (Ch).

„ **Eddersheim**. S. 202. Sp. 1 statt 760 **802**, Sp. 5 zuzusetzen I.

„ **Edendorf**. S. 202/3. Sp. 1 statt 183 **250**, Sp. 23 nachzutragen Sprengstoffe.

„ **Eggebek**. S. 202/3. Sp. 23 nachzutragen Sprengstoffe.

„ **Eggersdorf**. S. 202. Sp. 13 zu streichen **1**.

„ **Ehlershausen**. S. 204/5. Sp. 30 einzutragen Hannover.

„ **Ehrang**. S. 204. Sp. 16 statt 7 **8**, Sp. 17 statt 43 **66**.

„ **Ehreshoven***. S. 204/5. Sp. 23 einzutragen Fahrzeuge, welche nicht durch die Seitenthüren verladen werden können.

„ **Ehringhausen**. S. 204/5. Sp. 34 einzutragen Bergwerk.

„ **Ehringshausen** (bei Wetzlar). S. 204. Sp. 18 statt 2 **1**.

Station **Eibelshausen***. S. 204/5. Sp. 17 statt 5 **7**, nachzutragen Sp. 23 Fahrzeuge und Sprengstoffe, Sp. 34 Grube, Sp. 35 Simmersbach 2 km.

„ **Eichenberg**. S. 204. Sp. 17 statt 34 **36**.

„ **Eichenhorst**. S. 206. Sp. 21 einzutragen **1**.

„ **Eichenzell***. S. 206/7. Sp. 23 hat zu lauten Leichen, Fahrzeuge, Großvieh, sowie Kleinvieh und Güter in Wagenladungen.

„ **Eichicht**. S. 206. Sp. 19 zu streichen **1, 25000 kg**, Sp. 20 einzutragen **1**.

„ **Eichow**. S. 206. Sp. 1 statt Bhf. 3. Kl. Haltest. f. P. u. G.

„ **Eichstedt**. S. 206. Sp. 10 einzutragen **1**.

„ **Eichwald**. S. 206/7. Sp. 1 ist das †) mit der zugehörigen Anmerkung zu streichen und dafür zu setzen siehe Louisenhain (Eichwald). Die Angaben Sp. 2 u. flgde. sind zu streichen.

„ **Eickeloh***. S. 206 Sp. 1 statt 454 **498**, Sp. 10 einzutragen **1**.

„ **Eickendorf**. S. 206/7. Sp. 10 zu streichen **1**, Sp. 32 einzutragen **A**.

„ **Eidelstedt**. S. 206/7. Sp. 4 statt Kiel Hamburg, Sp. 5 statt Kiel I Hamburg II, Sp. 23 statt größere schwerwiegende und zuzusetzen Sprengstoffe.

„ **Eilenburg**. S. 208/9. Sp. 14 statt 1 **2**, Sp. 17 statt 31 **33**, Sp. 19 nachzutragen **10000, 1000 kg**, Sp. 21 statt 1 **2**, Sp. 23 nachzutragen Sprengstoffe, Sp. 34 nachzutragen Celluloidfabrik.

„ **Eilsleben**. S. 208. In der Anmerkung unter †) statt Neuhaldensleber Neuhaldensleben.

„ **Eiserfeld**. S. 210/1. Sp. 21 statt 2 **1**, Sp. 23 einzutragen Sprengstoffe.

„ **Eiserne Hand***. S. 210. Sp. 5 zuzusetzen I, Sp. 17 statt 1 **2**.

„ **Eisleben**. S. 210/1. Sp. 16 einzutragen **2**, Sp. 17 statt 39 **41**, Sp. 35 statt Helsta Helfta.

„ **Eitorf**. S. 210. Sp. 17 statt 17 **19**, Sp. 20 einzutragen **1**.

„ **Elberfeld-Döppersberg**. S. 210/1. Sp. 10 statt 2 **3**, Sp. 23 zu streichen und Vieh-

„ **Elberfeld-Mirke**. S. 210. Sp. 16 statt 9 **10**.

„ **Elberfeld-Steinbeck**. S. 212. Sp. 14 statt 1 **2**, Sp. 16 statt 31 **34**, Sp 19 bei 2 zu setzen * und darunter (* fahrbar), Sp. 21 statt 8 **9**.

„ **Elbing**. S. 212/3. Sp. 5 zu streichen II, Sp. 17 statt 48 **49**, Sp. 18 statt 2 **1**, Sp. 21 statt 2 **3**, Sp. 35 einzutragen Tolkemit 23 km (Ch).

„ **Elgersburg***. S. 212/3. Sp. 18 statt 1 **2**, Sp. 29 soll lauten St. Gotha A Liebenstein, Sp. 34 nachzutragen Holzwaaren- und Thermometer-Fabrik. Sp. 35 zu streichen Gehlberg 11 km (Ch), Martinroda 3 km (Ch).

„ **Eller a. d. M.** S. 212. Sp. 17 statt 7 **11**.

„ **Elmen-Salze**. S. 214. Sp. 1 statt 731 **3731**.

„ **Elmshorn**. S. 214/5. Sp. 34 nachzutragen Gerbereien, Oel- und Seifenfabrik, Steinzeug-en-gros-Lager.

„ **Elsenau***. S. 514/5. Einzutragen Sp. 11 **1**, Sp. 32 **P**.

„ **Elsnig*** (Elbe). S. 216/7. Sp. 23 nachzutragen Fahrzeuge.

„ **Elster** (Elbe). S. 216. Sp. 17 statt 12 **10**.

„ **Elsterwerda** (Berl.-Dresd. Bhf.). S. 216/7. Sp. 17 statt 53 **50**; zu streichen Sp. 22 Bahnamtlich, Sp. 33 **St**.

„ **Elten***. S. 216. Sp. 15 einzutragen **4**.

„ **Eltville**. S. 216. Sp. 5 zuzusetzen I, Sp. 7 zu streichen **1**, Sp. 17 statt 1 **14**.

„ **Emanuelsegen**. S. 218/9. Sp. 21 einzutragen **1**, Sp. 26 zu streichen Nikolai.

„ **Emden**. S. 218/9. Sp. 16 statt 16 **9**, Sp. 22 zu streichen Bahnamtlich und einzutragen Güter-Nebenstelle Insel Borkum, Sp. 31 statt Emden Aurich, Sp. 35 nachzutragen Wolthusen 4 km (Ch), Alphusen 8 km (Ch).

Station **Emmendorf**. S. 218/9. Sp. 1 statt Haltep. Haltest., statt 232 **260**, Sp. 17 statt 1 **4**, Sp. 23 zu streichen Stückgut, Leichen und Vieh.

„ **Emmerich**. S. 218. Sp. 13 statt 1 **2**, Sp. 15 statt 6 **16**, Sp. 17 statt 107 **99**.

„ **Emmingen**. S. 220. Sp. 1 statt 148 **153**, Sp. 10 einzutragen **1**.

„ **Ems**. S. 220. Sp. 5 statt Limburg Wiesbaden II, Sp. 7 bei selbständ. Gepäck-Abf.-Stelle zu streichen 1, Sp. 17 statt 1 **17**.

„ **Engelskirchen***. S. 220/1. Sp. 17 statt 10 **8**, Sp. 18 zu streichen 1, nachzutragen Sp. 22 Bahnamtlich, Sp. 23 Fahrzeuge, Sp. 35 Felsenthal 7 km, Drabenderhöhe 9 km.

„ **Engerhafe***. S. 220/1. Sp. 35 einzutragen Siegelsum 4 km (L).

„ **Engers**. S. 220. Sp. 16 statt 13 **16**, Sp. 19 statt 1 **2** und zuzusetzen **5000**.

„ **Erbach** (Rheingau). S. 222/3. Sp. 5 nachzutragen I, Sp. 23 soll lauten Leichen, Fahrzeuge, Großvieh, sowie Kleinvieh und Güter in Wagenladungen.

„ **Erdorf-Bitburg**. S. 222/3. Sp. 17 statt 9 **15**, einzutragen Sp. 20 1, Sp. 21 1; Sp. 33 zu streichen Bitburg, Sp. 35 statt Baustert Baustert.

„ **Erkrath**. S. 224/5. Sp. 16 statt 2 **3**, Sp. 23 einzutragen Sprengstoffe.

„ **Ermsleben***. S. 224/5. Sp. 34 statt Fabriken Fabrik, zu streichen und.

„ **Erndtebrück***. S. 224. Sp. 10 statt 2 **1**, Sp. 16 statt 7 **8**, Sp. 19 einzutragen 1, **5000 kg** (fahrbar).

„ **Ernsthausen*** (Dir.-Bez. Elberfeld). S. 224/5. Sp. 23 einzutragen Fahrzeuge u. Sprengstoffe.

„ **Ernsthausen*** (Dir.-Bez. Frankfurt a. M.). S. 224/5. Sp. 17 statt 1 **2**, Sp. 23 einzutragen Fahrzeuge u. Güter, welche durch die Wagen-Seitenthüren nicht verladen werden können.

„ **Esch**. S. 226. Sp. 7 zu streichen 1.

„ **Eschede**. S. 226. Sp. 17 statt 13 **12**, Sp. 18 statt 1 **2**, Sp. 19 statt 2000 **1600**.

„ **Eschhofen**. S. 226. Sp. 17 statt 1 **7**.

„ **Eschwege**. S. 226/7. Sp. 17 statt 33 **34**, Sp. 31 statt Fritzlar Cassel II.

„ **Esperstedt*** (Dir.-Bez. Frankfurt a. M.). S. 228/9. Sp. 23 soll lauten: Fahrzeuge, deren Ver- oder Entladung nur von der Kopfseite der Wagen erfolgen kann.

„ **Essen** (B. M.). S. 228. Sp. 1 statt 78706 **85200**, Sp. 17 statt 130 **166**.

„ **Essen** (C. M.). S. 228/9. Die Station ist nebst allen Angaben zu streichen.

„ **Essen** (Rh.). S. 228. Sp. 21 statt 7 **6**.

„ **Essershausen***. S. 228/9. Sp. 1 statt 232 **235**, Sp. 17 statt 1 **4**, Sp. 23 einzutragen Fahrzeuge.

„ **Etelsen**. S. 228. Sp. 1 statt 464 **470**.

„ **Etzleben**. S. 230/1. Sp. 17 einzutragen 2, Sp. 23 zuzusetzen Fahrzeuge, Leichen, Sp. 35 bei Alt-Beichlingen u. Schloß Beichlingen statt L Ch.

„ **Eulenburg***. S. 230/1. Sp. 35 nachzutragen Bärwalde 17 km Ch.

„ **Euren***. S. 230. Sp. 2 statt Ehrang Ehrang-Trier l. M.

„ **Eutin**. S. 230/1. Sp. 33 statt U S, Sp. 34 zuzusetzen Dütenfabrik.

„ **Eversberg**. S. 232. Sp. 17 statt 9 **10**.

„ **Exin***. S. 232/3. Sp. 17 statt 7 **8**, Sp. 28 u. Sp. 29 statt Schubin Exin, Sp. 32 einzutragen P, Sp. 35 hinter Schubin zu streichen Stadt.

„ **Eydtkuhnen**. S. 232. Sp. 7 unter selbständ. Gepäck-Abf.-Stelle zu streichen 1, Sp. 17 statt 112 **107**, Sp. 19 statt 2 **1**, und nachzutragen hinter 6000 **3000**, Sp. 20 statt 1 **2**.

„ **Eystrup**. S. 232. Sp. 1 statt 741 **765**, Sp. 17 statt 12 **11**, Sp. 20 zu streichen 1.

„ **Eythra**. S. 232/3. Sp. 23 nachzutragen Fahrzeuge.

Station **Fachingen**. S. 234. Sp. 17 statt 1 **6**.
„ **Jahr**. S. 234. Sp. 17 statt 6 **10**.
„ **Jahrenkrug**. S. 234/5. Sp. 23 nachzutragen Sprengstoffe.
„ **Falkenberg*** (Oberschlesien). S. 234/5. Zuzusetzen Sp. 5 I, Sp. 34 Brauerei, Fabrik landwirth-
schaftlicher Maschinen. Sp. 35 Theresienhütte 4 km (Ch).
„ **Falkenberg** (Bez. Halle). S. 234. Sp. 6 einzutragen **1**, Sp. 16 statt 15 **19**.
„ **Falkenburg*** (Pommern). S. 234. Sp. 17 statt 15 **16**.
„ **Falkenhagen***. S. 234/5. Sp. 23 zu streichen Stückgut und einzutragen Leichen, Fahrzeuge,
Vieh u. Sprengstoffe.
„ **Fallersleben**. S. 236. Sp. 20 einzutragen **1**.
„ **Farge***. S. 236. Sp. 1 statt 42 **678**, Sp. 17 statt 6 **4**.
„ **Fellhammer**. S. 236. Sp. 1 statt 6600 **3800**, Sp. 7 u. Sp. 9 zu streichen je **1**.
„ **Fellhammer** (Güterbahnhof). S. 236. Sp. 17 statt 22 **21**, Sp. 21 zu streichen **1**.
„ **Ferndorf***. S. 238/9. Sp. 23 einzutragen Sprengstoffe.
„ **Feudingen***. S. 238/9. Sp. 23 einzutragen Sprengstoffe.
„ **Finkenkrug**. S. 238. Sp. 1 einzutragen 5 E.
„ **Finkenwalde**. S. 240/1. Sp. 32 einzutragen A.
„ **Finnentrop**. S. 240. Sp. 18 einzutragen **1**.
„ **Finsterwalde**. S. 240/1. Sp. 8 statt VI **IV**, Sp. 19 statt 6000 **10000**, Sp. 34 zu streichen
Fettfabrik und nachzutragen Seifen-, Soda- u. Gummiwaaren-Fabrik, Spielwaaren-Fabrik,
Cigarren-Fabriken.
„ **Firchau**. S. 240/1. Sp. 31 statt Schlochau Konitz, Sp. 35 zu streichen Stadt.
„ **Fischbeck**. S. 240/1. Sp. 1 statt Haltep. f. P. Haltest. f. P. u. G.; einzutragen Sp. 23 Leichen,
Fahrzeuge u. Vieh, Sp. 34 Ziegelei, Holz-Schneidemühle.
„ **Flacht***. S. 240. Sp. 17 statt 1 **2**.
„ **Flatow**. S. 240/1. Sp. 13 statt 1 **2**, Sp. 35 zu streichen Stadt.
„ **Fleckenberg***. S. 242/3. Sp. 23 einzutragen Sprengstoffe.
„ **Flensburg**. S. 242. Sp. 7 unter selbständ. Fahrkarten-Ausg.-Stelle einzutragen 1, Sp. 10 einzu-
tragen 1, Sp. 17 statt 52 **56**.
„ **Flörsheim**. S. 242. Sp. 5 zuzusetzen I, Sp. 17 statt 1 **8**.
„ **(Floh-Seligenthal)***. S. 242/3. Sp. 1 zu streichen ( ), statt Bhf. 3. Kl. Haltest. f. P. u. G.;
beim Stationsnamen ist ein ††) zu machen mit der Anmerkung: ††) Ist mit einem Agenten
besetzt; Sp. 17 statt 3 **4**, Sp. 18 zu streichen 2; einzutragen Sp. 23 Fahrzeuge, Spreng-
stoffe, Sp. 26 Floh, Sp. 35 Floh 1 km (Ch), Seligenthal 1 km (Ch), Hohleborn 2 km (Ch).
„ **Flottbek**. S. 242/3. Sp. 23 statt größere schwerwiegende und nachzutragen Sprengstoffe.
„ **Förderstedt**. S. 244. Sp. 17 statt 27 **38**, Sp. 21 statt 10 **7**.
„ **(Försterei)***. S. 244/5. Sp. 1 zu streichen ( ), statt 453 **20**, Sp. 35 einzutragen Ostseebad
Försterei 1 km (L).
„ **Forsbach***. S. 244/5. Sp. 23 zuzusetzen Sprengstoffe.
„ **Forst**. S. 244/5. Sp. 31 statt Sorau Guben, Sp. 33 statt U **S**.
„ **Frankenberg*** (Hessen-Nassau). S. 244/5. Sp. 23 einzutragen Sprengstoffe.
„ **Frankenfelde**. S. 244/5. Sp. 32 statt P **A**, Sp. 33 zu streichen U.
„ **Frankenstein i. Schl.** S. 246. Sp. 15 statt 7 **8**.
„ **Frankfurt a. M.** (Staatsbahn-Güterbahnh.). S. 246. Sp. 10 nachzutragen 1 für die Werkstätte.
„ **Frankleben***. S. 246/7. Sp. 23 nachzutragen schwere Fahrzeuge.

Station **Frauſtadt**. S. 248/9. Sp. 22 vorzuſetzen Bahnamtlich und, Sp. 26 einzutragen Frauſtadt, Sp. 29 zu ſtreichen u. A und nachzutragen A Frauſtadt.

„ **Fredeburg***. S. 248/9. Sp. 16 ſtatt 2 **1**, Sp. 23 einzutragen Sprengſtoffe.

„ **Fredersdorf**. S. 248/9. Sp. 31 nachzutragen (Sitz in Berlin).

„ **Freienfels***. S. 248/9. Sp. 1 ſtatt Bhf. 3. Kl. Halteſt. f. P. u. G., Sp. 17 ſtatt 1 **2**, Sp. 23 einzutragen Fahrzeuge.

„ **Freienwalde a. O.** S 248. Sp. 18 ſtatt 2 **1**.

„ **Freienwalde i. Pom.** S. 248/9. Sp. 2 einzutragen Stargard i. Pom.—Cöslin, zu ſtreichen Sp. 10 **1**, Sp. 33 **II**, Sp. 34 ſtatt Mahlmühle Mehlmühlen.

„ **Frellſtedt**. S. 250. Sp. 17 ſtatt 10 **11**.

„ **Freſchluneberg**. S. 250. Sp. 1 ſtatt 167 **175**.

„ **Freudenberg***. S. 250/1. Einzutragen Sp. 20 **1**, Sp. 23 Sprengſtoffe

„ **Freyſtadt* i. N.-Schl.** S. 250. Sp. 16 ſtatt 4 **7**, Sp. 20 einzutragen **1**.

„ **Friedberg** (Heſſen). S. 252. Sp. 19 zuzuſetzen **2600 kg**.

„ **Friedeberg N.-M.** S. 252. Sp. 2 einzutragen Berlin—Schneidemühl, Sp. 17 ſtatt 15 **20**.

„ **Friedensdorf***. S. 252/3. Sp. 23 einzutragen Sprengſtoffe.

„ **Friedland** (Leine). S. 254/5. Sp. 35 einzutragen Groß-Schneen.2 km (Ch).

„ **Friedrichroda**. S. 254/5. Sp 23 einzutragen Sprengſtoffe.

„ **Friedrichsberg**. S. 254/5. Nachzutragen Sp. 20 **1**, Sp. 31 **I** u. **II**.

„ **Friedrichsfeld**. S. 254/5. Sp. 25 ſtatt Duisburg Ruhrort, Sp. 26 ſtatt Voerde Götterswickershamm.

„ **Friedrichshütte-Laasphe***. S. 256/7. Sp. 23 einzutragen Sprengſtoffe.

„ **Friedrichsruh**. S. 256/7. Sp 5 ſtatt **II** I, Sp. 23 einzutragen Sprengſtoffe.

„ **Friedrichsſegen**. S. 256. Sp. 1 ſtatt Bhf. 3. Kl. Halteſt. f. P. u. G., Sp. 5 ſtatt Limburg Wiesbaden **II**, Sp. 17 ſtatt 1 **5**.

„ **Friedrichsthal**. S. 256/7. Sp. 21 ſtatt 4 **5**, Sp. 22 einzutragen Bahnamtlich.

„ **Friedrichsthal** (Grube). S. 256. Sp. 17 ſtatt 12 **11**.

„ **Friedrichſtraße**. S. 256/7. Sp. 23 nachzutragen Leichen, Fahrzeuge und Vieh, Sp. 31 nachzutragen I u. II.

„ **Friedrichswerth**. S. 256/7. Sp. 23 einzutragen Fahrzeuge und Sprengſtoffe.

„ **Friedrich-Wilhelmshütte**. S. 258. Sp. 9 einzutragen B, Sp. 16 ſtatt 13 **14**.

„ **Frielendorf**. S. 258/9. Sp. 1 ſtatt 800 **900**, Sp. 28 und 29 ſtatt Homberg Ziegenhain, Sp. 31 ſtatt Marburg Caſſel **II**.

„ **Frielingen**. S. 258. Sp. 1 ſtatt 272 **268**.

„ **Frintrop**. S. 258. Sp. 6 einzutragen **1**, Sp. 17 ſtatt 231 **217**.

„ **Fritzow**. S. 258/9. Sp. 2 ſtatt Cöslin Belgard, ſtatt Stolp Colberg, Sp. 31 ſtatt Cöslin Belgard.

„ **Fröndenberg**. S. 258. Sp. 17 ſtatt 30 **29**, Sp. 21 ſtatt 2 **1**.

„ **Fronhauſen**. S. 260. Sp. 1 ſtatt 2. Kl. 3. Kl.

„ **Fürfurt**. S. 260/1. Sp. 17 ſtatt 1 **9**, Sp. 23 zu ſtreichen (vorn) Fahrzeuge ſowie und (hinten) ferner Leichen und lebende Thiere.

„ **Fulda**. S. 262. Sp. 15 ſtatt 31 **30**, Sp. 17 ſtatt 73 **74**.

Station **Gandersheim**. S. 264. Sp. 17 ſtatt 14 **18**.

„ **Ganglau***. S. 264/5. Sp. 17 ſtatt 12 **10**, Sp. 35 ſtatt Loykamühle Soykamühle, ſtatt Gansferoſen Lausferoſen.

Station **Ganglofffömmern**. S. 264. Sp. 1 beim Stationsnamen statt s f.

„ **Gardelegen**. S. 264. Sp. 10 statt 3 **2**.

„ **(Garding)***. S. 264/5. Sp. 1 zu streichen ( ); einzutragen Sp. 13 **1**, Sp. 15 **2**, Sp. 17 **6**, Sp. 18 **1**, Sp. 22 Bahnamtlich, Sp. 23 Sprengstoffe.

„ **Garnfee***. S. 264/5. Sp. 1 statt Haltest f. P. u. G. Bhf. 3. Kl., in Sp. 19 zu streichen Wand-krahn, Sp. 34 einzutragen Schneidemühle.

„ **Garzyn***. S. 264/5. Sp. 34 einzutragen Stärkefabrik.

„ **Gebhardt**. S. 266/7. Sp. 1 zuzusetzen (nur für die chemische Fabrik Eutritzsch), Sp. 21 einzu-tragen **1**, Sp. 23 zuzusetzen Fahrzeuge.

„ **Geeftemünde**. S. 266. Sp. 1 statt 15444 **15452**, Sp. 10 statt 1 **6**, Sp. 16 statt 19 **22**, Sp. 17 statt 184 **173**, Sp. 18 statt 5 **4**, Sp. 21 statt 2 **3**, Sp. 19 soll lauten

15

1

20000

2

2500

12

1000

kg.

„ **Geisenheim**. S. 266. Sp. 5 nachzutragen II, Sp. 17 statt 1 **10**.

„ **Geisweid**. S. 268/9. Sp. 23 einzutragen Sprengstoffe, Sp. 34 nachzutragen Martinstahlwerk.

„ **Geldern** (Rh.). S. 268. Sp. 17 statt 16 **15**.

„ **Gellendorf**. S. 268/9. Sp. 19 zu streichen 1, 25000 kg, Sp. 22 zu streichen Privatbestätterei, Sp. 35 statt Conradswalde **Conradswaldau**.

„ **Gelfenkirchen**. S. 270. Sp. 17 statt 96 **117**, Sp. 21 statt 10 **13**.

„ **Genfungen**. S. 270/1. Sp. 34 einzutragen Molkerei mit Dampfbetrieb.

„ **Georgenthal***. S. 272/3. Sp. 23 einzutragen Sprengstoffe.

„ **Georggrube**. S. 272. Sp. 1 zuzusetzen (Rangirbhf.), Sp. 5 statt I **III**.

„ **Gera**. S. 272/3. Sp. 16 statt 41 **33**, Sp. 17 statt 125 **130** und in der Anmerkung unter ††) statt 4 **5**, Sp. 21 statt 2 **3**, Sp. 26 einzutragen Gera.

„ **Gerlingen***. S. 272/3. Sp. 23 nachzutragen Gepäck, Sprengstoffe.

„ **Gerolftein**. S. 272/3. Sp. 16 einzutragen **3**, Sp. 17 statt 20 **25**, Sp. 35 bei Neroth zuzusetzen (L).

„ **Gerresheim**. S. 274. Sp. 17 statt 48 **53**.

„ **Gersfeld***. S. 274/5. Die Angaben in Sp. 23 sind zu streichen.

„ **Gerftungen**. S. 274/5. Sp. 33 einzutragen R.

„ **Gertraudenhütte***. S. 274. Sp. 1 zuzusetzen 280 E.

„ **Gefundbrunnen**. S. 274/5. Sp. 17 statt 38 **41**, Sp. 31 zuzusetzen I u. II, Sp. 21 in der An-merkung unter †) zu streichen (dem Betriebs-Amt Stralsund unterstellt).

„ **Gießen**. S. 276. Sp. 14 statt 2 **3**, Sp. 19 nachzutragen

1

5000

3

10000

kg.

„ **Gifhorn-Jfenbüttel**. S. 276/7. Der Stationsname ist in „Jfenbüttel" zu ändern und mit allen Angaben hier zu streichen und S. 400/1 hinter Insterburg einzureihen.

„ **Gifhorn*** (Stadt). S. 278. Sp. 1 zu streichen (Stadt).

„ **Gladau***. S. 278/9. Sp. 2 bei Hohenstein zuzusetzen i. Westpr., Sp. 33 zu streichen R, Sp. 34 einzutragen Schneidemühle.

„ **Gladbeck**. S. 278. Sp. 17 statt 11 **7**.

„ **Glatz**. S. 280. Sp. 15 statt 10 **16**, Sp. 17 statt 81 **119**, Sp. 20 statt 2 **3**.

„ **Gleidorf***. S. 280/1. Sp. 23 einzutragen Sprengstoffe.

„ **Gleiwitz**. S. 280. Sp. 7 bei selbstständ. Fahrkarten-Ausg.-Stelle einzutragen 1, Sp. 21 statt 4 **5**.

Station **Glietzig**. S. 280/1. Sp. 1 statt Haltest. f. P. u. G. Haltest. f. G., Sp. 23 nachzutragen Fahrzeuge.

„ **Globig***. S. 280/1. Sp. 23 einzutragen Fahrzeuge.

„ **Glowno***. S. 282/3. Sp. 23 einzutragen Fahrzeuge, Sp. 25 nachzutragen (Ost), Sp. 34 zu streichen in Owinsk, Wojnowo u. Przependowo.

„ **Glückstadt**. S. 282. Sp. 10 statt 1 **2**.

„ **Gnadau**. S. 282/3. Sp. 25 zu streichen a. S.

„ **Gnesen**. S. 282/3. Sp. 13 statt 2 **3**, Sp. 34 zu streichen in Dalki, in Dzialyn, Sp. 35 überall zu streichen Stadt.

„ **Goch**. S. 284. Sp. 19 einzutragen **1, 2500 kg**.

„ **Güllschau**. S. 284/5. Sp. 30 einzutragen Liegnitz.

„ **Göritz**. S. 284/5. Sp. 35 zuzusetzen Seefeld 6 km (**L**).

„ **Göttingen**. S. 286. Sp. 17 statt 113 **114**, Sp. 21 statt 4 **5**.

„ **Göttkendorf***. S. 286/7. Sp. 33 zu streichen **R**.

„ **Gogolin**. S. 286/7. Sp. 10 zu streichen **1**, Sp. 22 zuzusetzen u. Privatbestätterei.

„ **Gokels***. S. 286/7. Sp. 23 zu streichen größere und zuzusetzen u. Sprengstoffe.

„ **Goldap***. S. 286/7. Sp. 1 statt 7161 **7300**, Sp. 8 statt IV **III**, Sp. 10 zu streichen **1**, Sp. 21 einzutragen **1**, Sp. 35 bei Wronken, Budschwinken, Altbude, Kowalken zuzusetzen (**L**), bei den übrigen Ortschaften (**Ch**).

„ **Goldbach***. S. 288/9. Sp. 23 zuzusetzen Fahrzeuge.

„ **Goldbeck**. S. 288. Sp. 17 statt 19 **20**, Sp. 19 statt 1250 **2500**.

„ **Goldberg i. Schl.***. S. 288/9. Sp. 30 einzutragen Liegnitz.

„ **Gollmitz**. S. 288. Sp. 1 statt Bhf. 3. Kl. Haltest. f. P. u. G.

„ **Golßen**. S. 288/9. Sp. 33 statt U **S**.

„ **Golzow**. S. 288/9. Sp. 1 statt 1784 **1775**, Sp. 17 statt 20 **21**, Sp. 32 einzutragen **P**, Sp. 35 statt Tachsendorf Sachsendorf.

„ **Gondek**. S. 290/1. Sp. 22 zuzusetzen u. bahnamtlich nach Kurnik u. Bnin.

„ **Gondelsheim***. S. 290/1. Sp. 23 einzutragen Fahrzeuge.

„ **Gorzupia***. S. 290/1. Sp. 25 statt Koschmin Krotoschin.

„ **Goslar**. S. 290. Sp. 16 statt 11 **13**, Sp. 20 statt 2 **1**.

„ **Gostyn***. S. 290/1. Sp. 26 einzutragen Gostyn.

„ **Goßfelden***. S. 290/1. Sp. 23 einzutragen Sprengstoffe.

„ **Gotha**. S. 290/1. Sp. 34 zu streichen Zuckerfabrik.

„ **Gottersfeld***. S. 292/3. Sp. 1 statt 40 **105**, Sp. 32 statt P **A**, Sp. 35 statt Robakowo Babatlowo, statt Plonchaw Plonchow.

„ **Gräfenroda**. S. 292/3. Sp. 26 einzutragen Liebenstein (S.-Cob.-Gotha), Sp. 30 einzutragen Gotha, Sp. 35 zu streichen Frankenhain 4 km (**Ch**).

„ **Gräfentonna***. S. 294/5. Sp. 23 nachzutragen Fahrzeuge.

„ **Gräfrath***. S. 294/5. Sp. 23 einzutragen Sprengstoffe.

„ **Grätz***. S. 294. Sp. 16 statt 2 **3**.

„ **Gräveneck**. S. 294. Sp. 17 statt 1 **7**.

„ **Grambow**. S. 294. Sp. 17 statt 11 **9**.

„ **Gramenz***. S. 294/5. Sp. 22 zu streichen Güter-Nebenstelle Bublitz (18 km), Sp. 35 statt Lubgast Lübgust.

„ **Graudenz***. S. 296. Sp. 1 statt 18000 **20385**, Sp. 18 statt 1 **2**.

„ **Grefrath**. S. 296. Sp. 17 statt 11 **10**.

Station **Greifenhagen**. S. 296/7. Sp. 17 statt 9 **11**; nachzutragen Sp. 20 **1**, Sp. 34 Dampfziegelei, Sp. 35 Garden 9 km (**Ch**).

„ **Gremsmühlen**. S. 298/9. Nachzutragen Sp. 23 Sprengstoffe, Sp. 35 Neukirchen 6 km (**L**), Sieversdorf 4 km (**L**).

„ **Greppin**. S. 298/9. Sp. 1 zu setzen †) mit der Anmerkung: †) Güterverkehr nur für die Greppiner Werke.; in Sp. 23 sind die Angaben zu streichen, dagegen einzutragen Sprengstoffe.

„ **Greußen**. S. 298/9. Sp. 22 vorzusetzen Bahnamtliche und.

„ **Grevenbrück**. S. 300/1. Sp. 34 hinter Martinstahlwerk einzuschalten und Kokerei, zuzusetzen Schwerspathbrüche.

„ **Griefstedt**. S. 300/1. Sp. 22 nachzutragen Güter-Nebenstelle Kindelbrück (5 km), Sp. 23 nachzutragen Fahrzeuge, Sp. 32 statt P **A**, Sp. 35 zu streichen Etzleben 4 km (**Ch**).

„ **Griesborn** (Grube). S. 300. Sp. 17 statt 12 **11**.

„ **Griffe**. S. 300/1. Sp. 1 statt Haltep. f. P. Haltest. f. P. u. G., Sp. 23 einzutragen Stückgut, Fahrzeuge u. Vieh.

„ **Grimmenthal**. S. 302. Sp. 1 statt 95 **86**, Sp. 18 statt 1 **2**.

„ **Grizehne** bei Calbe a. S. S. 302/3. Sp. 20 zu streichen **1**, Sp. 25 zu streichen a. S.

„ **Grohn-Vegesack**. S. 302. Sp. 1 statt 1787 **2441**, Sp. 17 statt 37 **29**, Sp. 19 zu streichen **1** und einzutragen **2, 2700 1600 kg**.

„ **Groß-Almerode***. S. 302/3. Sp. 17 statt 9 **10**, einzutragen Sp. 18 **1**, Sp. 19 **1, 1000 kg**, Sp. 22 statt Privatbestätterei Bahnamtlich.

„ **Groß-Behnitz**. S. 304. Sp. 10 statt 1 **2**, Sp. 17 statt 9 **11**.

„ **Groß-Bestendorf***. S. 304/5. Sp. 4 statt Danzig Allenstein, Sp. 5 statt Elbing II Allenstein I, Sp. 17 statt 4 **5**, Sp. 33 zu streichen **R.**

„ **Groß-Boschpol**. S. 304/5. Sp. 1 statt Bhf. 3. Kl. Haltest f. P. u. G., Sp. 32 statt A **P**.

„ **Groß-Brittannien***. S. 304/5. Sp. 10 zu streichen **1**, Sp. 34 einzutragen Meierei, Sp. 35 statt Leppienen Lappienen.

„ **Groß-Chelm**. S. 304/5. Sp. 1 statt Haltep. f. P. Haltest. f. P. u. G., Sp. 23 nachzutragen Wagenladungen, Leichen, Fahrzeuge u. Vieh.

„ **Großenbaum**. S. 306. Sp. 17 statt 4 **8**.

„ **Großenbehringen***. S. 306/7. Sp. 1 statt Bhf. 3. Kl. Haltest. f. P. u. G., Sp. 17 statt 6 **7**, Sp. 23 einzutragen Fahrzeuge.

„ **Großen-Gottern**. S. 306. Sp. 19 zu streichen **1, 30000 kg**, Sp. 21 einzutragen **1**.

„ **Großenhain**. S. 306. Sp. 1 statt 2. Kl. **1. Kl.**, Sp. 21 statt 9 **10**.

„ **Groß-Gandern**. S. 306. Sp. 1 statt 845 **873**.

„ **Groß-Gemmern***. S. 306/7. Sp. 4 statt Danzig Allenstein, Sp. 5 statt Elbing II Allenstein I, Sp. 32 statt A **P**, Sp. 33 zu streichen **R**.

„ **Groß-Gleidingen**. S. 308/9. Sp. 1 statt Haltest. f. P. Haltest. f. P. u. G., Sp. 17 statt 6 **14**, Sp. 23 einzutragen Sprengstoffe u. große Fahrzeuge.

„ **Großheringen**. S. 308/9. Sp. 23 einzutragen Sprengstoffe.

„ **Groß-Köris**. S. 308. Sp. 17 zu streichen **1**.

„ **Groß-Lichterfelde** (Berlin-Magdeburg). S. 310/1. Sp. 26 einzutragen Steglitz.

„ **Groß-Lindenau**. S. 310. Sp. 1 statt 43 **41**.

„ **Groß-Linteln**. S. 310. Sp. 1 statt 506 **515**, Sp. 10 einzutragen **1**, Sp. 17 statt 7 **8**, Sp. 19 einzutragen **1**.

„ **Groß-Miltitz**. S. 310/1. Sp. 1 statt Haltest. Haltep., Sp. 5 zu streichen (**W**), Sp. 23 zuzusetzen Leichen, Vieh.

„ **Groß-Räschen**. S. 312. Sp. 17 statt 16 **18**, Sp. 21 statt 2 **3**.

Station **Groß-Rambin**. S. 312/3. Sp. 20 zu streichen **1**, Sp. 31 statt Cöslin Belgard, Sp. 35 statt Pobzin Polzin.

„ **Groß-Rudestedt**. S. 312/3. Sp. 17 statt 16 **15**, Sp. 18 statt 1 **2**; einzutragen Sp. 33 Zuckersteuerstelle, Sp. 34 Zuckerfabrik; Sp. 35 statt Algerstedt Alperstedt.

„ **Groß-Schlamin***. S. 312/3. Sp. 23 nachzutragen Sprengstoffe.

„ **Groß-Stein**. S. 312/3. Sp. 17 statt 16 **12**, Sp. 34 nachzutragen Kieslager.

„ **Groß-Strehlitz**. S. 314/5. Sp. 16 statt 2 **1**, Sp. 17 statt 38 **30**; nachzutragen Sp. 26 Groß-Strehlitz, Sp. 34 Dachpappenfabrik.

„ **Groß-Tychow***. S. 314/5. Sp. 19 statt 1 **2**, Sp. 27 und Sp. 29 statt Stargard i. Pom. Cöslin, Sp. 31 statt Cöslin Belgard.

„ **Groß-Wanzleben***. S. 314/5. Sp. 25 zu streichen Groß-.

„ **Großwerther**. S. 314/5. Sp. 26 statt Werther Großwerther.

„ **Groß-Wilkau***. S. 314. Sp. 17 statt 2 **4**.

„ **Groß-Zschocher**. S. 314/5. Sp. 1 unter Groß-Zschocher zu setzen (Preußische Staatsbahn), Sp. 17 statt 3 **4**, Sp. 18 einzutragen **1**, Sp. 23 zu streichen u. Fahrzeuge.

„ **Grottkau**. S. 316. Sp. 16 statt 2 **3**.

„ **Grüner Hirsch***. S. 316. Sp. 1 hat zu lauten: „Grüner Hirsch*, Haltep. f. P., 530 E. (zur Gemeinde Oldenburg — 317 E. — gehörig)".

„ **Grünhagen***. S. 316/7. Sp. 4 statt Danzig Allenstein, Sp. 5 statt Elbing II Allenstein I, Sp. 18 einzutragen **1**, Sp. 33 zu streichen R, Sp. 35 einzutragen Draulitten 5 km (Ch), Hagenau 8 km (Ch).

„ **Grünhaus***. S. 318/9. Sp. 1 unter die Einwohnerzahl zu setzen (einschl. Mertesdorf), Sp. 35 statt Mertersdorf Mertesdorf.

„ **Grünheide**. S. 318/9. Sp. 32 einzutragen P, Sp. 35 statt Anlowöhnen Aulowöhnen.

„ **Grünthal***. S. 318/9. Die Station ist mit allen Angaben zu streichen.

„ **Grunau**. S. 318/9. Sp. 5 zu streichen II, Sp. 17 statt 18 **19**, Sp. 32 statt P A, Sp. 33 zu streichen R, Sp. 34 einzutragen Meierei, Ziegelei.

„ **Grunewald**. S. 318. Sp. 6 einzutragen **1**, Sp. 16 statt 90 **82**, Sp. 17 statt 170 **173**.

„ **Gruppe***. S. 318. Sp. 17 statt 10 **9**.

„ **Güldenboden**. S. 320/1 zu streichen Sp. 5 II, Sp. 33 R, einzutragen Sp. 34 Molkerei, Zuckerfabrik, Sp. 35 Hirschfeld 11 km (Ch).

„ **Güldenhof**. S. 320/1. Sp. 34 statt Ziegelei Ziegeleien, Sp. 35 statt Gniesokowitz Gniewkowitz.

„ **Güls**. S. 320. Sp. 18 einzutragen **1**.

„ **Güsten**. S. 320. Sp. 9 einzutragen B, Sp. 14 statt 2 **3**, Sp. 15 statt 22 **33**, Sp. 16 statt 22 **40**.

„ **Güterglück**. S. 320. Sp. 1 statt †) zu setzen ††) und unten die Anmerkung zu machen: ††) Mitbenutzt von der Königl. Eisenbahn-Direktion Magdeburg, Sp. 17 statt 19 **24**.

„ **Gütersloh**. S. 320/1. Sp. 17 statt 57 **33**, Sp. 22 zu berichtigen Bahnamtlich, Sp. 35 zu streichen Isselhorst 4 km (Ch).

„ **Gulzau***. S. 322/3. Sp. 19 zu streichen **1, 25000 kg**, nachzutragen Sp. 23 Sprengstoffe, Sp. 35 statt Kittlau Nieder-Schüttlau.

„ **Gultowy***. S. 322/3. Sp. 23 nachzutragen Fahrzeuge.

„ **Gumbinnen**. S. 322/3. Sp. 6 zu streichen **1**, Sp. 8 statt III **II**, Sp. 17 statt 21 **25**, Sp. 18 statt 3 **4**, Sp. 33 statt U HS.

„ **Guntersau**. S. 322/3. Sp. 1 zu streichen P. u., Sp. 17 statt 1 **14**, Sp. 23 zu streichen u. lebende Thiere und nachzutragen Großvieh, sowie Kleinvieh in Wagenladungen.

„ **Guradze**. S. 324/5. Sp. 22 zu streichen Privatbestätterei, Sp. 23 nachzutragen Sprengstoffe.

„ **Gurnen***. S. 324/5. Sp. 35 statt Babben Babken.

Station **Gurtschin**. S. 324. Sp. 21 statt 1 **2**.

„ **Gusow**. S. 324/5. Sp. 35 statt Plotkow **Platkow**.

„ **Guteherberge**. S. 324/5. Sp. 1 statt Haltest. **Haltep.**, zu streichen Sp. 32 **A**, Sp. 33 **R**, Sp. 35 einzutragen St. Albrecht 1 km (**Ch**).

„ **Gutenfeld**. S. 324/5. Sp. 23 ist das Wort „schwere" richtig zu setzen, Sp. 34 zu streichen Dalheim, Sp. 35 einzutragen Uderwangen 14 km (**Ch**).

„ **Gutfeld***. S. 324. Sp. 2, 4 u. 5 statt Altenstein **Allenstein**.

„ **Gutstadt***. S. 326/7. Sp. 17 statt 14 **13**, Sp. 31 statt Bartenstein **Wartenstein**, Sp. 33 einzutragen U.

Station **Haan** Bhf. 2. Kl. S. 328. Sp. 17 statt 16 **17**.

„ **Haan** (Ort). S. 328. Sp. 23 nachzutragen Sprengstoffe.

„ **Haarhausen**. S. 328/9. Sp. 35 statt Rehestadt **Rehestedt**.

„ **Habel-Lahrbach**. S. 328/9. Sp. 1 statt 425 E. **Habel 340 E., Lahrbach 430 E.**, Sp. 23 nachzutragen u. Großvieh, sowie Kleinvieh in Wagenladungen.

„ **Hadersleben***. S. 330/1. Sp. 1 nachzutragen (Bahnhof liegt in Alt-Hadersleben), Sp. 8 statt II **V**, Sp. 23 nachzutragen auch nach Christiansfeld u. Tyrstrup, Sp. 26 statt Hadersleben **Alt-Hadersleben**.

„ **Hämelerwald**. S. 330. Sp. 17 statt 8 **7**.

„ **Hähnichen**. S. 330. Sp. 17 statt 2 **7**, Sp. 21 einzutragen **1**.

„ **Haferwisch***. S. 330/1. Sp. 23 nachzutragen Sprengstoffe.

„ **Hagen**. S. 330. Sp. 11 zu streichen **1**, Sp. 16 statt 70 **93**, Sp. 17 statt 199 **201**, Sp. 18 statt 8 **6**, nachzutragen Sp. 19 hinter 5000 † und darunter † (fahrbar), Sp. 20 statt 2 **3**.

„ **Hagen-Eckesey**. S. 332. Sp. 17 statt 47 **64**, Sp. 19 statt der bisherigen Angaben $\frac{4}{15000}$ $\frac{1000}{2}$ $\frac{5000}{kg,}$ Sp. 21 statt 5 **4**.

„ **Hagen i. Hannover**. S. 332. Sp. 1 statt 334 **365**.

„ **Hagen-Oberhagen**. S. 332/3. Sp. 1 statt 2 **3**, Sp. 23 nachzutragen Sprengstoffe.

„ (**Hagen i. Pom.***). S. 332/3. Sp. 1 zu streichen ( ) und wegen aller übrigen Angaben auf S. 8/9 dieses Nachtrages zu verweisen.

„ **Hagenow**. S. 332/3. Sp. 23 nachzutragen Sprengstoffe.

„ **Hahnstätten***. S. 332. Sp. 17 statt 1 **9**.

„ **Hahn-Wehen***. S. 332. Sp. 5 nachzutragen I, Sp. 17 statt 1 **4**.

„ **Haiger**. S. 334. Sp. 17 statt 20 **23**, Sp. 18 statt 1 **2**.

„ **Hainholz**. S. 334. Sp. 16 statt 58 **48**, Sp. 17 statt 166 **121**, Sp. 21 statt 6 **8**.

„ **Halbe**. S. 334/5. Sp. 17 statt 20 **19**, Sp. 35 bei Buchholz statt 4 km **5** km.

„ **Halden**. S. 336/7. Sp. 23 einzutragen Sprengstoffe.

„ **Halle a. S.** (Güterbhf.). S. 336. Sp. 10 statt 7 **4**, Sp. 14 statt 4 **5**, Sp. 15 statt 92 **100**, Sp. 16 statt 90 **96**, Sp. 17 statt 429 **399**, Sp. 18 statt 16 **11**, Sp. 20 statt 5 **3**.

„ **Halstenbek**. S. 336/7. Sp. 1 statt 863 **1050**, Sp. 23 statt Fahrzeuge größere Fahrzeuge und Sprengstoffe, Sp. 35 bei Branden statt 8 km **2** km und bei Schneefeld statt 2 km **4** km.

„ **Hamburg** (B.). S. 338/9. Sp. 23 einzutragen Sprengstoffe.

„ **Hamburg** (H.). S. 338/9. Sp. 23 einzutragen Sprengstoffe.

„ **Hamburg-Quai** (linkselbisch). S. 338/9. Sp. 8 statt A **V**, Sp. 23 nachzutragen Sprengstoffe.

„ **Hamburg-Quai** (rechtselbisch). S. 338/9. Sp. 23 nachzutragen Sprengstoffe.

„ **Hamburg-Wilhelmsburg**. S. 338/9. Die Station nebst allen Angaben ist zu streichen.

Station **Hamm.** S. 338/9. Sp. 13 u. 14 statt 4 **5**, Sp. 16 statt 57 **60**, Sp. 17 statt 209 **250**, Sp. 18 statt 2 **3**, Sp. 21 statt 4 **5**, Sp. 29 statt St. u. A. Hamm St. Dortmund, A. Hamm.

„ **Hammeleff*.** S. 338/9. Sp. 23 nachzutragen Sprengstoffe.

„ **Hammersbeck*.** S. 340. Sp. 1 statt 453 **558**.

„ **Hanau** (Ostbhf.). S. 340. Sp. 9 statt 1 B, Sp. 35 statt Anheim **Anheim**.

„ **Handewitt*.** S. 340/1. Sp. 23 einzutragen Sprengstoffe.

„ **Hanerau*.** S. 342/3. Sp. 23 einzutragen Sprengstoffe.

„ **Hangelsberg.** S. 342/3. Sp. 23 zu streichen und Vieh.

„ **Hannover.** S. 342. Sp. 17 statt 198 **161**, Sp. 19 statt 10 **11** und nachzutragen $\frac{1}{3000}$ kg, Sp. 21 statt 14 **8**.

„ **Hanweiler.** S. 342/3. Sp. 17 statt 21 **24**.

„ **Harblek*.** S. 342/3. Sp. 1 statt Haltep. **Haltest.**, Sp. 23 nachzutragen Sprengstoffe.

„ **Harburg** (Staatsbhf). S. 344. Sp. 1 statt 35090 **36500**, Sp. 2 statt Bremen Hannover, Sp. 14 statt 3 **2**, Sp. 16 statt 21 **36**, Sp. 17 statt 121 **103**.

„ **Harburg** U.-E. S. 344. Sp. 1 nachzutragen (Bhf. 2. Kl.), Sp. 2 statt Hamburg/Bremen Harburg/Cuxhaven, Sp. 16 einzutragen **1**, Sp. 17 statt 23 **25**, einzutragen Sp. 19 $\frac{1}{5000}$ kg, Sp. 21 **2**.

„ **Harburg** Bhf. 3. Kl. S. 344. Sp. 2 statt Bremen Hannover, Sp. 13 einzutragen **1**, Sp. 15 statt 8 **6**.

„ **Hardegsen.** S. 344. Sp. 1 statt Bhf. 2. Kl. Haltest. f. P. u. G.

„ **Hardenberg.** S. 344/5. Sp. 19 statt 1 $\frac{2}{1250}$ kg, zu streichen Sp. 20 1, Sp. 23 Güternebenstelle Neuenburg.

„ **Hartlieb.** S. 346/7. Sp. 1 nachzutragen hinter dem Stationsnamen * und zu streichen *) nebst Anmerkung, Sp. 23 einzutragen Leichen, Fahrzeuge, Vieh und Sprengstoffe.

„ **Hartmannsfeld*.** S. 346/7. Sp. 23 nachzutragen Fahrzeuge.

„ **Haspe.** S. 346/7. Sp. 21 statt 3 **4**.

„ **Haspe-Heubing.** S. 348. Sp. 17 statt 11 **12**.

„ **Hasperde.** S. 348. Sp. 20 einzutragen **1**.

„ **Hasselburg*.** S. 348/9. Sp. statt 570 E. **521** E. (zur Gemeinde Alten-Krempe gehörig), Sp. 35 nachzutragen Hasselburg 1 km (L).

„ **Haßlinghausen*.** S. 348/9. Sp. 23 einzutragen Sprengstoffe.

„ **Haste.** S. 348. Sp. 10 einzutragen **1**, Sp. 17 statt 33 **26**.

„ **Hattenheim.** S. 348. Sp. 5 nachzutragen II, Sp. 17 statt 1 **6**.

„ **Hattersheim.** S. 348. Sp. 5 nachzutragen I, Sp. 7 zu streichen 1, Sp. 17 statt 1 **15**.

„ **Hattingen.** S. 348. Sp. 19 einzutragen $\frac{2}{5000}$ kg.

„ **Hattstedt.** S. 350/1. Sp. 23 einzutragen Sprengstoffe.

„ **Hatzenport.** S. 350/1. Sp. 17 statt 12 **10**, Sp. 33 einzutragen S.

„ **Hausbruch.** S. 350. Sp. 1 statt 80 **95**.

„ **Havelberg*.** S. 350/1. Sp. 35 statt Kühlhausen **Kuhlhausen** und statt Alt-Kammern **Alt-Kamern**.

„ **Haynau.** S. 350/1. Sp. 30 einzutragen Liegnitz.

„ **Hebron-Damnitz.** S. 350. Sp. 21 einzutragen **1**.

„ **Hechthausen.** S. 350. Sp. 1 statt 704 **709**, Sp. 17 statt 5 **6**.

„ **Hedeper.** S. 352/3. Sp. 23 nachzutragen Großvieh.

„ **Hedwigsburg.** S. 352. Sp. 17 statt 8 **12**.

„ **Heerdt*.** S. 352. Sp. 1 nachzutragen hinter dem Stationsnamen (Büderich), Sp. 17 einzutragen **1**.

Station **Heggen** Haltest. f. G. S. 352/3. Sp. 23 nachzutragen Sprengstoffe.

" **Heide i. H.** S. 352/3. Sp. 2 statt Neumünster Elmshorn, Sp. 16 statt 4 3, Sp. 22 nachzutragen Güternebenstelle in Hennstedt.

" **Heide i. W.*** S. 354/5. Sp. 23 nachzutragen Sprengstoffe.

" **Heidersdorf*.** S. 354/5. Sp. 22 zu streichen Privatbestätterei.

" **Heiligenbeil.** S. 354/5. Sp. 33 statt R U, Sp. 35 einzutragen Rosenberg 3 km (Ch).

" **Heiligenstadt.** S. 354. Sp. 1 statt 5500 **6500**, Sp. 17 statt 15 **14**.

" **Heinrichau.** S. 356/7. Sp. 22 zu streichen Privatbestätterei.

" **Heinrichsdorf i. Pom.*** S. 356. Sp. 1 zu streichen).

" **Heinrichsdorf-Ruttkowitz*.** S. 356. Sp. 1 zu streichen) und statt 996 **1300**.

" **Heinrichswalde.** S. 356/7. Sp. 1 statt Bhf. 3. Kl. Haltest. f. P. u. G. und statt 1644 **1800**, Sp. 10 zu streichen 1, Sp. 20 einzutragen 1, Sp. 31 statt Wohlau Wehlau, Sp. 35 zu streichen Heinrichswalde 2 km (Ch).

" **Heinrikau*.** S. 356/7. Zu streichen Sp. 1) und Sp. 33 R.

" **Heinzebortschen*.** S. 356. Zu streichen Sp. 1) und Sp. 17 2.

" **Heistngen.** S. 358/9. Sp. 23 nachzutragen Sprengstoffe.

" **Heißen.** S. 358. Sp. 5 statt II **IV**, Sp. 13 zu streichen 1, Sp. 17 statt 36 **48** und Sp. 21 statt '7 **5**.

" **Helmarshausen*.** S. 358/9. Sp. 23 einzutragen Sprengstoffe.

" **Helmstedt.** S. 360. Sp. 16 statt 4 **5** und Sp. 17 statt 51 **55**.

" **Heiterblick.** S. 358. Sp. 7 zu streichen 1.

" **Heldrungen.** S. 358/9. Sp. 17 statt 20 **17** und Sp. 33 zu streichen S.

" **Hemer*.** S. 360/1. Einzutragen Sp. 20 **1**, Sp. 23 Sprengstoffe.

" **Hemme*.** S. 360/1. Sp. 23 zu streichen größere und nachzutragen Sprengstoffe.

" **Hengstei.** S. 360/1. Sp. 23 einzutragen alle Verkehrsarten.

" **Hennef** (Sieg). S. 360. Sp. 17 statt 13 **14**, Sp. 20 zu setzen **1**.

" **Hennersdorf.** S. 362. Sp. 1 hinter G. nachzutragen der Anschlußbesitzer.

" **Hentern*.** S. 362. Sp. 2 statt Trier Trier r. M., Sp. 16 zu streichen 2 und Sp. 17 einzutragen 2.

" **Herbede.** S. 362/3. Einzutragen Sp. 18 **1**, Sp. 23 Sprengstoffe.

" **Herbesthal.** S. 362/3. Sp. 12 nachzutragen Leuchtgasanstalt, Sp. 26 statt Longen Lontzen.

" **Herbsleben*.** S. 362. Sp. 1 statt Bhf. 3. Kl. Haltest f. P. u. G., Sp. 17 statt 7 **8** und Sp. 20 zu streichen **1**.

" **Herdecke** (Nord). S. 364/5. Sp. 21 statt 4 **1**, Sp. 23 einzutragen Sprengstoffe.

" **Herdecke-Vorhalle.** S. 364/5. Sp. 11 zu streichen **1**, Sp. 19 statt 1 **2** und zuzusetzen **7500 kg**, Sp. 20 statt 1 **2**, Sp. 24 statt Hagen Arnsberg.

" **Herdorf.** S. 364/5. Sp. 17 statt 20 **18**, Sp. 23 einzutragen Fahrzeuge, Sp. 35 nachzutragen Saffenroth 3 km, Offhausen 3 km.

" **Hermania.** S. 364/5. Sp. 35 statt Spandow Sandow und nachzutragen Drehnow 20 km (Ch).

" **Herford.** S. 364. Sp. 17 statt 55 **43**.

" **Heringen.** S. 364. Sp. 21 einzutragen **1**.

" **Hermsdorf i. Westpr.** S. 366. Sp. 1 statt 99 E. 82 E., Sp. 4 statt Thorn Allenstein, Sp. 5 statt Osterode i. Ostpr. Allenstein II, Sp. 17 statt 2 **4**.

" **Herne** (B.-M.). S. 366. Sp. 5 statt V **I**.

" **Herne** (C.-M.). S. 366. Sp. 13 statt 3 **1**, Sp. 17 statt 52 **65** und Sp. 21 statt 8 **9**.

" **Herne** Haltest. f. G. S. 366. Sp. 17 statt 5 **3**.

Station **Herrnprotsch**. S. 366/7. Sp. 22 zu streichen Privatbestätterei und Sp. 23 einzutragen Sprengstoffe.

„ **Herrnstadt***. S. 368/9. Sp. 1 zu streichen), Sp. 23 einzutragen Sprengstoffe, Sp. 34 nachzutragen Molkerei, Sp. 35 statt Piskorsine Piskorsine.

„ **Hertwigswalde**. S. 368/9. Sp. 23 einzutragen Leichen, Fahrzeuge, Vieh und Sprengstoffe.

„ **Hersfeld**. S. 368. Sp. 5 statt Fulda Göttingen.

„ **Herwest-Dorsten**. S. 368/9. Sp. 1 statt Herwest Hervest und statt 3. Kl. 2. Kl., Sp. 18 zu streichen 1, Sp. 23 einzutragen Fahrzeuge, Sp. 27 und Sp. 29 statt Münster i. W. Essen

„ **Herzberg a. H.** S. 368/9. Sp. 34 nachzutragen Stuhl- und Zündholzfabriken, Fischzüchterei.

„ **Herzebrock***. S. 368. Sp. 1 zu streichen), Sp. 16 statt 4 1, Sp. 17 statt 1 4, Sp. 18 einzutragen 1.

„ **Herzhorn**. S. 368/9. Sp. 23 zu streichen größere und nachzutragen Sprengstoffe.

„ **Hettenhausen***. S. 370/1. Sp. 18 nachzutragen 1, Sp. 23 zu streichen Leichen, Fahrzeuge und Großvieh, sowie Kleinvieh in Wagenladungen und.

„ **Hettstedt**. S. 370/1. Sp. 23 statt Bahnamtlich Bahnamtliche und Privatbestätterei.

„ **Hetzerath**. S. 370/1. Einzutragen Sp. 23 Fahrzeuge, Sp. 32 A, Sp. 35 statt Begond Becond.

„ **Heydekrug**. S. 370/1. Sp. 1 statt 415 478, Sp. 10 zu streichen 1 und Sp. 22 einzutragen Bahnamtlich.

„ **Hiddinghausen***. S. 370/1. Sp. 23 einzutragen Sprengstoffe.

„ **Hilchenbach***. S. 372/3. Sp. 16 statt 2 1 und Sp. 23 einzutragen Sprengstoffe.

„ **Hilden**. S. 372/3. Sp. 22 statt Privatbestätterei Bahnamtlich.

„ **Hilders***. S. 372/3. Sp. 17 statt 7 9, Sp. 18 statt 1 2 und Sp. 20 zu streichen 1.

„ **Hildesheim**. S. 372. Sp. 17 statt 95 91, Sp. 21 statt 9 10.

„ **Hillesheim**. S. 372/3. Sp. 23 einzutragen Fahrzeuge.

„ **Hilter***. S. 372. Sp. 8 statt III V.

„ **Himmelpforten**. S. 372. Sp. 1 statt 925 963.

„ **Hirschberg i. Schl.** S. 374. Sp. 17 statt 54 55, Sp. 19 statt 10000 20000.

„ **Hittfeld**. S. 374/5. Sp. 1 statt 750 760, Sp. 23 einzutragen Fahrzeuge.

„ **Hitzacker**. S. 374/5. Sp. 33 zu streichen H S.

„ **Hochdahl**. S. 374. Sp. 16 statt 8 5.

„ **Hochfeld (Rh.)**. S. 374. Sp. 1 statt 59 300 (Stadtbezirk Duisburg), Sp. 17 statt 107 118.

„ **Hochfeld (B.-M.)**. S. 374. Sp. 7 selbständ. Güterabf. zu setzen 1.

„ **Hochheim**. S. 376. Sp. 5 nachzutragen I, Sp. 17 statt 1 11 und Sp. 18 statt 1 2.

„ **Höftgrube**. S. 376/7. Sp. 1 statt 25 150, Sp. 23 statt Güter in Güterzügen Wagenladungen, Sp. 26 statt Voigtding Wingst und Sp. 32 einzutragen A.

„ **Hönningen** (Rhein). S. 378. Sp. 17 statt 12 13, Sp. 21 einzutragen 1.

„ **Hörde**. S. 378. Sp. 17 statt 31 32, Sp. 34 statt Hörder Hütte Hörder Bergwerk- und Hüttenverein, Kohlenzechen, Maschinenfabriken, Eisengießereien, einzutragen Sp. 35 Wellinghofen 3 km (L), Benninghofen 3 km (L), Berghofen 3 km (Ch), Brüninghausen 4 km, Schürch 1 km.

„ **Hörde-Hacheney**. S. 378. Sp. 17 statt 22 21.

„ **Höxter**. S. 380. Sp. 7 selbständ. Güterabf. einzutragen 1.

„ **Hoffnungsthal***. S. 380. Sp. 13 zu streichen 1, Sp. 23 nachzutragen Sprengstoffe.

„ **Hofstede-Riemke**. S. 380/1. Sp. 27 statt Essen Bochum und Sp. 29 statt Essen und.

„ **Hogendorf***. S. 380/1. Zu streichen Sp. 33 R.

„ **Hohenbocka** (Güterbhf.). S. 380. Sp. 17 statt 11 18.

Station **Hohenebra**. S. 380. Sp. 14 einzutragen **1**.

„ **Hohenkirch**. S. 382/3. Sp. 1 statt 1589 **1638**, Sp. 25 statt Strasburg i. Westpr. Briesen, Sp. 31 statt Dt.-Eylau Thorn, Sp. 34 zu streichen Maschinenbauanstalt und nachzutragen Brennerei, Stärkefabrik.

„ **Hohenlimburg**. S. 382. Sp. 20 einzutragen **1**.

„ **Hohenrhein**. S. 384/5. Sp. 5 statt Limburg Wiesbaden II, Sp. 17 statt 1 **8**, nachzutragen Sp. 23 Leichen, Fahrzeuge, Vieh und Sp. 34 Getreidemühle mit Brodbäckerei.

„ **Hohenstein i. Ostpr.***. S. 384/5. Sp. 16 statt 1 **2** und Sp. 33 statt I **U**.

„ **Hohenstein i. Westpr.**. S. 384/5. Sp. 16 statt 2 **3**, Sp. 17 statt 27 **26**, einzutragen Sp. 21 **1**, Sp. 34 Meiereien, Ziegelei und Sp. 33 zu streichen **R**.

„ **Hohenthurm**. S. 384. Sp. 13 zu streichen **1**.

„ **Hohenwestedt***. S. 384/5. Sp. 3 statt Altena Altona, einzutragen Sp. 13 **1** und Sp. 23 Sprengstoffe.

„ **Hohnstorf (Hauptbahn)**. S. 384. Sp. 1 statt Haltest. Haltep.

„ **Hohnstorf (Zweigbahn)**. S. 384/5. Sp. 1 nachzutragen hinter dem Stationsnamen *, Sp. 5 statt II I und Sp. 23 zu streichen größere.

„ **Holten**. S. 384/5. Sp. 25 statt Duisburg Ruhrort.

„ **Holsteinsche Schweiz***. S. 384/5. Einzutragen Sp. 23 Sprengstoffe.

„ **Holzdorf**. S. 386/7. Nachzutragen Sp. 22 Güternebenstelle Schönewalde (10 km), Sp. 30 Halle a. S.

„ **Holzminden**. S. 386/7. Sp. 16 statt 30 **29**, Sp. 17 statt 86 **105**, Sp. 34 statt Fabriken Fabrik und nachzutragen Dachpappenfabriken.

„ **Holzwickede**. S. 386. Sp. 11 zu streichen **1**, Sp. 16 statt 15 **12**, Sp. 17 statt 87 **91**, Sp. 19 statt 1 **2**, Sp. 20 statt 1 **2**.

„ **Homberg a. Rh.**. S. 386/7. Sp. 15 statt 3 **4**, Sp. 17 statt 551 **50**, Sp. 21 statt 4 **3**, nachzutragen Sp. 18 **1**, Sp. 34 chemische Fabrik, Sp. 35 Ruhrort 1 km (**W**).

„ **Homberg a. d. Efze**. S. 386/7. Sp. 1 statt 3200 **3500**, Sp. 31 statt Marburg Cassel II.

„ **(Honigkaten)***. S. 386. Sp. 1 zu streichen ( ) und zu ändern 7 in **5**, Sp. 21 einzutragen Stettin.

„ **Hopfengarten**. S. 388/9. Zu streichen Sp. 22 Güternebenstelle Labischin Stadt (19 km), Sp. 35 Stadt.

„ **Hoppegarten**. S. 388/9. Sp. 17 statt 8 **9**, nachzutragen Sp. 31 (Sitz in Berlin), Sp. 35 Dahlwitz 2 km (**L**).

„ **Hoppenbruch**. S. 388/9. Sp. 5 zu streichen I, Sp. 33 **R**, Sp. 34 einzutragen Dampfmühle.

„ **Horchheim**. S. 388/9. Sp. 5 statt Limburg a. Lahn Wiesbaden II, Sp. 23 sind die Angaben zu ändern in Leichen, Fahrzeuge, Großvieh. sowie Kleinvieh u. Eilgut in Wagenladungen u. Frachtstückgut überhaupt.

„ **Hordel-Eickel**. S. 388/9. Sp. 21 zu streichen **b**; Sp. 27 statt Essen Bochum, Sp. 29 Essen und.

„ **Horka**. S. 390. Sp. 14 statt 1 **2**, Sp. 17 statt 15 **13**.

„ **Horn i. Ostpr.***. S. 390/1. Sp. 4 statt Danzig Allenstein, Sp. 5 statt Elbing II Allenstein I, Sp. 33 zu streichen **R**.

„ **Horneburg**. S. 390. Sp. 1 statt 1560 **1863**.

„ **Horst i. H.**. S. 390/1. Sp. 1 statt 2147 E. Gemeinde Horst 2161 E., Kirchdorf Horst 938 E., nachzutragen Sp. 23 Sprengstoffe, Sp. 35 Lägerdorf 20 km (Ch u. L) Tiefhusen 2 km (**L**).

„ **Hoyer***. S. 392/3. Einzutragen Sp. 17 **6**, Sp. 18 **1**, Sp. 23 Sprengstoffe.

„ **Hoyer-Schleuse***. S. 392. Sp. 1 zu streichen u. G., Sp. 17 einzutragen **3**.

Station **Hoyerswerda**. S. 392. Sp. 19 statt 3 **2** und statt 2 **1**.

„ **Hückeswagen***. S. 392. Sp. 11 zu streichen **1**.

„ **Hümme**. S. 394/5. Sp. 23 einzutragen Sprengstoffe.

„ **Husum** (A.). S. 394/5. Sp. 1 statt 6761 E. Bhf. liegt in der Gemeinde Rödemis, Sp. 26 statt Husum Mildstedt.

„ **Husum** (M.). S. 394/5. Sp. 1 statt s. Husum (A.) 6761 E., Sp. 2 statt Altona Heide i. H., Sp. 35 statt (Ch) **(L)**.

„ **Hvidding**. S. 394/5. Sp. 1 nachzutragen hinter dem Stationsnamen *, Sp. 16 zu streichen **2**, Sp. 28 u. 29 statt Tostlund **Toftlund**.

Station **Ibbenbüren**. S. 396. Sp. 17 statt 26 **21**, Sp. 21 zu streichen **1**.

„ **Idaweiche**. S. 396. Nachzutragen Sp. 21 **1**.

„ **Igel**. S. 396/7. Sp. 2 statt Trier Karthaus, Sp. 25 statt Trier Land **Trier (Land)**, Sp. 26 statt Aachen **Ach**, statt Weiler **weiler**.

„ **Ihringshausen**. S. 396. Sp. 1 statt Haltep. f. P. **Haltest. f. P. u. G.**, Sp. 17 statt 5 **7**.

„ **Illowo**. S. 396. Sp. 1 statt †) **†††)** mit der Anmerkung †††) Mitbenutzt von der Königlichen Eisenbahn-Direktion Bromberg.

„ **Ilmenau**. S. 396/7. Sp. 35 statt Kommerberg **Kammerberg**.

„ **Ilversgehofen**. S. 398. Sp. 18 einzustellen **1**.

„ **Imielin**. S. 398/9. Sp. 23 nachzutragen Sprengstoffe.

„ **Immekeppel***. S. 398. Sp. 17 statt 9 **11**, nachzutragen Sp. 23 Sprengstoffe.

„ **Immenhausen**. S. 398/9. Sp. 23 nachzutragen Sprengstoffe.

„ **Innien***. S. 400/1. Sp. 17 statt 4 **6**, Sp. 23 zu streichen größere und nachzutragen Sprengstoffe.

„ **Inowrazlaw**. S. 400. Sp. 8 statt III **II**, Sp. 15 statt 17 **19**.

„ **Insterburg**. S. 400/1. Sp. 15 statt 42 **43**, Sp. 16 statt 35 **20**, Sp. 17 statt 132 **133**, Sp. 7 selbst. Gepäck-Abf. zu streichen **1**, nachzutragen Sp. 7 selbst. Eilgut-Abf. **1**, Sp. 22 Bahnamtlich, Sp. 35 Grünhof 1 km **(Ch)**.

„ **Isenbüttel** s. Gifhorn-Isenbüttel.

„ **Iserlohn*** (Westbhf.). S. 400. Zu streichen Sp. 1 (Westbhf.)

„ **Iserlohn*** (Ostbhf.). S. 400/1. Zu streichen Sp. 1 (Westbhf.), Sp. 23 einzutragen Sprengstoffe.

„ **Isselhorst**. S. 400/1. Sp. 26 statt Reckenberg **Isselhorst**.

„ **Issum**. S. 400/1. Sp. 17 statt 10 **11**, Sp. 18 einzutragen **1**, Sp. 35 zu streichen **Alt-**.

„ **Itzehoe**. S. 402. Sp. 2 statt Altona Elmshorn, Sp. 15 statt 6 **11**. Sp. 17 statt 31 **28**, Sp. 20 einzutragen **1**.

„ **Jablonowo**. S. 404/5. Sp. 1 statt 250 **672**, Sp. 17 statt 70 **63**, zu streichen Sp. 19 Wandkrähne, nachzutragen Sp. 21 **1**, Sp. 34 Molkerei, Ziegelei, Sp. 35 Dietrichsdorf 2 km **(Ch)**, Gr. Bialoblott 5 km **(Ch)**, Neudorf 5 km **(Ch)**, Neumühl 4 km **(L)** u. daselbst statt Jagussewitz **Jaguschewitz** u. bei Gr. Kruschin statt 6 km **9 km**.

„ **(Jädickendorf)**. S. 404. Zu streichen Sp. 1 ( ), Sp. 14 **1**.

„ **Jävenitz**. S. 406. Sp. 17 statt 8 **11**.

„ **Jakschitz**. S. 406/7. Sp. 23 einzutragen Fahrzeuge.

„ **Jamielnik**. S. 406/7. Sp. 1 statt 400 **540**, Sp. 17 statt 5 **6**, Sp. 25 statt Rosenberg **Löbau**, Sp. 32 einzutragen **A**.

„ **Jannowitz**. S. 406. Sp. 17 statt 11 **12**.

„ **Jannowitzbrücke**. S. 406. Einzutragen Sp. 17 **2**, Sp. 31 **I u. II**.

„ **Janowitz***. S. 406/7. Sp. 17 statt 7 **8**, Sp. 35 statt Kloszanowo **Wloszanowo**, statt Gr.-Gölle **Gr.-Golle**.

Station **Jarlingen***. S. 408. Sp. 1 statt 125 **188**.

„ **Jarrenwisch***. S. 408/9. Sp. 23 nachzutragen Sprengstoffe.

„ (**Jassow***). S. 408/9. Sp. 1 zu streichen ( ), nachzutragen Sp. 1 ↑00 E., Sp. 24 Stettin, Sp. 25 Cammin, Sp. 27 Stettin, Sp. 28 Cammin, Sp. 29 **St** Stettin **A** Cammin, Sp. 30 Stettin, Sp. 31 Naugard.

„ **Jastrow***. S. 408/9. Sp. 22 zu streichen Güternebenstelle Zippnow (10 km), Sp. 35 statt Tarnowka Carnowke, Sp. 35 zu streichen Küddowwerk u. statt (L) (Ch).

„ **Jauer**. S. 410. Sp. 15 statt 1 **2**.

„ **Jeickfterken**. S. 410. Sp. 1 statt 35 **32**.

„ **Jeifing-Hostrup**. S. 410/1. Nachzutragen Sp. 1 hinter dem Stationsnamen *, Sp. 23 Sprengstoffe.

„ **Jellowa***. S. 410/11. Einzutragen Sp. 23 Sprengstoffe, Sp. 34 Dampfsägewerk u. Brennerei, Sp. 33 zu streichen Oppeln.

„ **Jerxheim**. S. 410. Sp. 15 statt 12 **10**.

„ **Jeserih**. S. 410/11. Sp. 23 einzutragen Fahrzeuge.

„ **Jesewih**. S. 410. Sp. 1 statt Bhf. 3. Kl. Haltest. f. P. u. G., Sp. 7 zu streichen 1.

„ **Jessen**. S. 410/1. Sp. 17 statt 12 **10**, Sp. 35 bei Clöden u. Grabow statt (L) (Ch).

„ **Jodkirch**. S. 414/5. Sp. 23 nachzutragen Sprengstoffe.

„ **Johannisdorf**. S. 412. Sp. 17 statt 1 **2**.

„ **Johannisthal-Niederschönweide**. S. 412. Sp. 1 statt 2. Kl. 1. Kl., Sp. 8 statt V **III**, Sp. 17 statt 47 **58**. Sp. 21 statt 5 **6**.

„ **Jonkendorf***. S. 412/3. Sp. 4 statt Danzig Allenstein, Sp. 5 statt Elbing II Allenstein I, Sp. 33 zu streichen **R**.

„ **Jon Kugeleit**. S. 412. Sp. 1 statt 56 **52**.

„ **Jorksdorf***. S. 414/5. Sp. 35 nachzutragen Burgsdorf 2 km (L), Gr. u. Kl. Rudlauken 1 km (L).

„ **Judtschen**. S. 414. Sp. 5 statt II **I**, Sp. 17 statt 12 **13**.

„ **Jübeck**. S. 414. Sp. 17 statt 26 **27**.

„ **Jüterbog**. S. 414/5. Sp. 6 zu streichen 1; einzutragen Sp. 16 1, Sp. 21 1, Sp. 17 statt 67 **37**, Sp. 33 statt I S.

„ **Jütrichau**. S. 416/7. Sp. 23 nachzutragen Leichen, Fahrzeuge und Vieh, Sp. 35 statt Biasdorf Bias.

Station **Kämmereiforst**. S. 418. Sp. 7 selbst. Fahrk.-Ausg. zu streichen 1.

„ **Kaffzig***. S. 418/9. Sp. 22 zu streichen Güternebenstelle Pollnow (15 km).

„ **Kahla**. S. 418/9. Sp. 23 einzutragen Sprengstoffe, Sp. 35 bei Döllingen statt (L) (Ch).

„ **Kahlbude***. S. 418/9. Sp. 33 zu streichen R, Sp. 34 einzutragen Mehlmühle, Ziegelei.

„ **Kaiserswaldau**. S. 418/9. Sp. 30 einzutragen Liegnitz.

„ **Kaldenkirchen**. S. 418/9. Sp. 10 einzutragen 1, Sp. 35 bei Bracht u. Tegelu statt (L) (Ch).

„ **Kalk**. S. 420. Nachzutragen Sp. 1 hinter Kalk G, Sp. 19 **7500 kg**.

„ **Kalk.†)** S. 420/1. Sp. 6 einzutragen 1, Sp. 15 statt 6 **10**, Sp. 16 statt 15 **17**, Sp. 23 nachzutragen Sprengstoffe.

„ **Kaltebortschen***. S. 420/1. Sp. 22 zu streichen Privatbestätterei, Sp. 23 einzutragen Sprengstoffe.

„ **Kamenz i. Sachs.** S. 420. Sp. 5 einzutragen Dresden-N., Sp. 17 statt 56 **58**.

„ **Kamlarken***. S. 422/3. Sp. 1 nachzutragen P. u. und statt 123 **131**, Sp. 23 zu streichen Personen, Gepäck, Stückgut, Leichen u. lebende Thiere. Sp. 35 einzutragen Kruschin 1 km (Ch), Lienowitz 4 km (L), Tittlewo 3 km (L), Weidenhof 3 km (L), Wichorsee 3 km (Ch).

Station **Karf.** S. 422/3. Sp. 5 statt I **III**, nachzutragen Sp. 23 Sprengstoffe, Sp. 34 Steinkohlengruben, Schlackenmühle.

„ **Karolinegrube.** S. 422/3. Sp. 23 zu streichen Eil- u. Stückgüter und nachzutragen Sprengstoffe.

„ **Karolinenkoog*.** S. 422/3. Sp. 17 statt 7 **9**, Sp. 23 einzutragen Sprengstoffe.

„ **Karstädt.** S. 422/3. Sp. 23 einzutragen Sprengstoffe.

„ **Karthaus.** S. 422. Sp. 2 statt Ehrang Trier, Sp. 6 zu streichen **1**, einzutragen Sp. 7 selbst. Güter-Abf. **1**, Sp. 11 **1**, Sp. 13 statt 1 **2**, Sp. 15 statt 45 **47**, Sp. 16 statt 55 **74**, Sp. 17 statt 100 **134**.

„ **Kassel.** S. 424. Sp. 5 nachzutragen I, Sp. 10 zu streichen **1**, Sp. 15 statt 1 **18**, Sp. 17 statt 1 **57**, Sp. 18 statt 1 **3**, Sp. 20 statt 1 **2**.

„ **(Katharinenheerd)*.** S. 424/5. Sp. 1 zu streichen ( ), einzutragen Sp. 17 **3**, Sp. 18 **1**, Sp. 23 Sprengstoffe.

„ **Katharinenflur.** S. 424/5. Sp. 32 zu streichen **P**.

„ **Kattern.** S. 424/5. Zu streichen Sp. 19 **2**, **2500 kg**, Sp. 22 Privatbestätterei, Sp. 20 einzutragen **2**.

„ **Kattowitz.** S. 424/5. Nachzutragen Sp. 7 selbst. Fahrk.-Ausgabest. **1**, Sp. 33 **I**, Sp. 34 städtisches Schlachthaus, Sp. 35 Zawodzin 1 km (Ch); Sp. 21 statt 7 **9**.

„ **Kaulsdorf*.** S. 424/5. Sp. 31 nachzutragen (Sitz in Berlin).

„ **Kaundorf*.** S. 424. Sp. 5 nachzutragen **I**.

„ **Kell*.** S. 426. Sp. 2 statt Trier Trier r. M., Sp. 19 nachzutragen **5000 kg**.

„ **Kellinghusen.** S. 426/7. Nachzutragen Sp. 23 Sprengstoffe, Sp. 34 Margarinefabrik, Sp. 33 zu streichen **II**.

„ **Keltsch.** S. 426. Sp. 2 statt Breslau Oppeln.

„ **Kempen** (Rhein). S. 426/7. Sp. 16 statt 13 **15**, Sp. 17 statt 49 **42**, Sp. 21 einzutragen **1**.

„ **Kerkerbach.** S. 428. Sp. 17 statt 1 **13**.

„ **Kerkwitz.** S. 428/9. Sp. 23 zu streichen u. lebende Thiere, Sp. 31 statt Sorau Guben.

„ **Kessert.** S. 428. Sp. 1 statt Bhf. 3. Kl. Haltest. f. P. u. G., Sp. 5 nachzutragen **II**, Sp. 17 statt 1 **5**.

„ **Kettwig.** S. 428. Sp. 16 statt 4 **5**.

„ **Kettwig v. d. B.** S. 428. Sp. 1 nachzutragen u. G., Sp. 17 statt 1 **2**.

„ **Kevelaer.** S. 428. Sp. 17 statt 24 **21**.

„ **Kiel.** S. 428. Sp. 1 statt 69264 **75703**, Sp. 16 statt 28 **20**, Sp. 17 statt 135 **133**, Sp. 7 selbst. Gep.-Abf. zu streichen **1**.

„ **Kierspe*.** S. 430/1. Sp. 18 statt 2 **1**, Sp. 23 einzutragen Sprengstoffe.

„ **Kietz.** S. 430/1. Sp. 17 statt 5 **7**, einzutragen Sp. 32 P, Sp. 34 Maschinenfabrik, Ziegeleien.

„ **Kinzenbach*.** S. 430/1. Sp. 17 statt 1 **10**, Sp. 34 einzutragen Kalkwerk.

„ **Kiöwen*.** S. 430. Sp. 1 statt 230 **250**.

„ **Kirchen.** S. 432. Sp. 17 statt 23 **21**.

„ **Kirchhellen.** S. 432/3. Sp. 17 statt 4 **5**, Sp. 32 statt P **A**.

„ **Kirchhorsten.** S. 432. Sp. 10 einzutragen **1**, Sp. 17 statt 14 **8**.

„ **Kirchhundem.** S. 432/3. Sp. 23 nachzutragen Sprengstoffe.

„ **Kirchlengern.** S. 432. Sp. 17 statt 3 **8**, Sp. 20 zu streichen im Bau begriffen.

„ **Kirchrode.** S. 432. Sp. 17 zu streichen **1**.

„ **Kirchscheidungen*.** S. 432/3. Sp. 17 statt 1 **2**, Sp. 18 einzutragen **1**, Sp. 23 zu streichen Stückgut, Eilgut, Leichen und lebende Thiere.

„ **Kirchweyhe.** S. 432. Sp. 15 einzutragen **10**, Sp. 17 statt 63 **83**.

Station **Kirn**. S. 434/5. Sp. 28 statt Sobernheim Kirn, Sp. 29 statt Simmern Coblenz.

„ **Klausaschacht***. S. 434. Sp. 1 nachzutragen (im Stadtgebiet Inowrazlaw belegen), Sp. 8 statt V II, Sp. 17 statt 1 7.

„ **Klecken**. S. 434/5. Sp. 1 statt 253 175, Sp. 26 statt Kl.- Gr.-, Sp. 31 statt Harburg Lüneburg, Sp. 32 einzutragen A.

„ **Klein-Bargen***. S. 436/7. Sp. 22 zu streichen Privatbestätterei, Sp. 23 nachzutragen und Sprengstoffe.

„ **Kleinbittersdorf**. S. 436. Sp. 19 einzutragen $\frac{1}{5000}$ kg

„ **Klein-Bresa**. S. 436/7. Zu streichen Sp. 10 1, Sp. 19 $\frac{1}{25000}$ kg , Sp. 22 Privatbestätterei, Sp. 20 einzutragen 1.

„ **Klein-Golmkau***. S. 436/7. Sp. 33 zu streichen R, Sp. 35 einzutragen Gardschau 5 km (Ch).

„ **Klein-Heide***. S. 436. Sp. 1 statt (keine Ortschaft) 5 E.

„ **Kleinjena***. S. 436. Sp. 1 statt 220 212.

„ **Klein-Kottorz***. S. 438/9. Sp. 23 einzutragen Sprengstoffe.

„ **Klein-Schmalkalden***. S. 438/9. Der Stationsname ist in ( ) zu setzen, Sp. 30 ist das Wort Konferenz richtig zu stellen.

„ **Klein-Steinheim**. S. 438/9. Sp. 23 zu streichen und Fahrzeuge, die nur von der Kopfseite.

„ **Kleparz***. S. 440/1. Sp. 35 statt Sendziewojewo Sendziewojewo.

„ **Kleschkau**. S. 440/1. Sp. 1 statt Haltest. Haltep., Sp. 33 zu streichen R.

„ **Kletkamp**. S. 440/1. Nachzutragen Sp. 1 hinter dem Stationsnamen *, Sp. 23 Sprengstoffe, Sp. 17 statt 2 3.

„ **Klettendorf***. S. 440/1. Sp. 10 statt 2 1, Sp. 17 statt 3 5, Sp. 22 zu streichen Privatbestätterei, einzutragen Sp. 21 1, Sp. 23 Sprengstoffe.

„ **Klinge**. S. 440. Sp. 7 zu streichen 1.

„ **Klinsch***. S. 440/1. Sp. 33 zu streichen R.

„ **Klitzschen**. S. 442. Sp. 7 zu streichen 1.

„ **Klitzschmar**. S. 442. Sp. 7 zu streichen 1.

„ **Klonowo***. S. 442/3. Sp. 1 statt 144 260, nachzutragen Sp. 34 Brennerei, Sp. 35 Nossek 2 km (L), Wlewsk 4 km (L).

„ **Knauthain**. S. 444. Sp. 18 zu streichen 1.

„ **Kobbelbude**. S. 444/5. Zu streichen Sp. 5 I, Sp. 15 2, Sp. 38 R, einzutragen Sp. 16 2, Sp. 32 statt P A, Sp. 35 Creuzburg 11 km (Ch).

„ **Kobelnitz**. S. 444/5. Sp. 34 statt Brennerei Brennereien und zu streichen daselbst am Orte, in Wierzenice und Usarzewo, in Wierzonka, Sp. 35 statt Wierzenice Wierzenice.

„ **Koberwitz***. S. 444/5. Sp. 10 statt 2 1, Sp. 22 zu streichen Privatbestätterei, Sp. 23 einzutragen Sprengstoffe.

„ **Kobylin***. S. 444/5. Sp. 22 statt Bahnamtlich Privatbestätterei, Sp. 26 einzutragen Kobylin.

„ **Kodersdorf**. S. 444/5. Sp. 17 statt 4 7, Sp. 23 einzutragen Fahrzeuge.

„ **Kölzig***. S. 444/5. Sp. 1 statt Haltep. Haltest., einzutragen Sp. 21 I, Sp. 23 Fahrzeuge.

„ **Königsberg i. Pr.** S. 446/7. Sp. 7 (selbst. Gep.-Abf.) einzutragen 1, Sp. 9 zu streichen ††) nebst Anmerkung, Sp. 16 statt 66 61, Sp. 17 statt 230 231, Sp. 32 statt O OP, Sp. 35 statt Wickbold Wickboldt, in der Anmerkung statt ostpreußischen Ostpreußischen.

„ **Königsborn**. S. 446/7. Sp. 35 zu streichen Zeddenick 9 km (Ch), Möckern 14 km (Ch).

„ **Königshütte**. S. 446/7. Sp. 5 statt I III, Sp. 23 einzutragen Sprengstoffe.

„ **Königshuld***. S. 446/7. Sp. 23 einzutragen Sprengstoffe.

„ **Königslutter**. S. 446/7. Sp. 17 statt 29 44, Sp. 29 zu streichen u. A.

Station **Königswinter**. S. 448. Sp. 17 statt 24 **26**.

" **Königs-Wusterhausen**. S. 448. Sp. 17 statt 24 **25**.

" **Königszelt**. S. 448. Sp. 10 einzutragen **1**.

" **Könitz**. S. 448. Sp. 19 zu streichen $\frac{1}{25000}$ kg , Sp. 20 einzutragen **1**.

" **Kösen**. S. 448. Sp. 8 statt V **III**.

" **Köstritz**. S. 448/9. Zu streichen Sp. 6 **2**, Sp. 19 $\frac{1}{25000}$ kg , Sp. 17 statt 2 **20**, einzutragen Sp. 21 **2**, Sp. 26 Köstritz.

" **Kötschau**. S. 448. Zu streichen Sp. 18 **1**, Sp. 19 $\frac{1}{25000}$ kg , Sp. 21 einzutragen **1**.

" **Kolmar i. Pos.** S. 450/1. Sp. 1 nachzutragen hinter dem Stationsnamen *, Sp. 35 zu streichen Stadt.

" **Konitz**. S. 450. Sp. 7 selbst. Gep.-Abf. zu streichen **1**, Sp. 15 statt 14 **19**, Sp. 16 statt 5 **11**.

" **Konojad***. S. 450/1. Sp. 1 statt 757 **19**, Sp. 35 nachzutragen Gr.-Konojad 3 km (Ch), Kl. Konojad 1 km (Ch), hinter Lemberg statt 2 km **3** km, zu streichen hinter Lemberg und Gr.-Kruczin u. L.

" **Konstadt**. S. 450. Sp. 1 statt 2. Kl. **3. Kl.**

" **Korschen**. S. 452. Sp. 15 statt 8 **5**, Sp. 16 statt 3 **5**, Sp. 17 statt 37 **39**, in der Anmerkung statt ostpreußischen **Ostpreußischen**.

" **Kosendau***. Sp. 452/3. Sp. 30 einzutragen Liegnitz.

" **Kosten i. P.** S. 454/5. Sp. 26 einzutragen Kosten.

" **Kottenforst**. S. 454. Sp. 20 einzutragen **1**.

" **Kowahlen***. S. 454/5. Sp. 35 statt Miruschken **Mirunsken**, nachzutragen hinter Schareyken 3 km (L), hinter Mirunsken 13 km und Lakellen 3 km (Ch) und Sokolken 8 km (L), zu streichen Guhsen 3 km, Danielen 3 km (Ch).

" **Krähwinkler-Brücke***. S. 454/5. Sp. 23 einzutragen Sprengstoffe.

" **Krauthausen***. S. 456/7. Sp. 22 zu streichen Privatbestätterei.

" **Kray**. S. 456. Sp. 9 zu streichen N, Sp. 17 statt 48 **68**, Sp. 21 statt 2 **3**.

" **Krebsöge***. S. 456/7. Sp. 34 nachzutragen Corsetfeder- und Eisengarnfabrik.

" **Kreiensen**. S. 456. Sp. 16 statt 4 **5**, Sp. 17 statt 78 **81**.

" **Krempe**. S. 456/7. Nachzutragen Sp. 21 **1**, Sp. 23 schwere Fahrzeuge u. Sprengstoffe; Sp. 35 statt Neuenbrock **Neuenbrook**.

" **Kremperheide**. S 456/7. Sp. 23 nachzutragen schwere Fahrzeuge u. Sprengstoffe.

" **Kreuz**. S. 456. Sp. 12 nachzutragen **1**.

" **Kreuzburg**. S. 456. Sp. 2 statt Posen Breslau.

" **Kröben***. S. 458. Sp. 1 statt Haltest. f. P. u. G. Bhf. 3. Kl., Sp. 26 einzutragen Kröben.

" **Krölpa-Ranis**. S. 458/9. Sp. 18 zu streichen **1**; Sp. 23 nachzutragen Fahrzeuge.

" **Kuddern***. S. 460. Sp. 1 statt 197 E. **199** E.

" **Kükelhausen***. S. 460. Sp. 17 statt 8 **10**, Sp. 21 statt 1 **4**.

" **Küllenhahn***. S. 462/3. Sp. 23 nachzutragen Sprengstoffe.

" **Küllstedt**. S. 462/3. Zu streichen Sp. 20 **1**, Sp. 22 Bahnamtliche und.

" **Küppersteg**. S. 462. Sp. 17 statt 15 **16**.

" **Kuggen***. S. 462/3. Sp. 10 zu streichen **1**, Sp. 35 einzutragen Brasdorf 4 km (L), Kuikeim 2 km (L).

" **Kukrhnen***. S. 462/3. Sp. 17 statt 6 **5**, Sp. 31 einzutragen Braunsberg, Sp. 32 statt Brauns= berg **A**.

Station **Kukoreiten**. S. 464/5. Sp. 1 statt 59 **60**, Sp. 35 statt 22 **2**.

„ **Kunersdorf b. Cottbus**. S. 464/5. Sp. 1 statt Haltep. f. P. Haltest f. P. u. G., einzutragen Sp. 17 **4**, Sp. 23 Fahrzeuge u. Vieh.

„ **Kunigundeweiche**. S. 464/5. Sp. 1 statt 3. Kl. **2. Kl.**, Sp. 34 statt Dampfsägewerk Dampfsägewerke, Sp. 23 nachzutragen Sprengstoffe.

„ **Kunnersdorf b. Kamenz i. Sachs.** S. 464/5. Sp. 1 statt Haltest. Haltep., Sp. 32 zu streichen **A**.

„ **(Kunowo)***. S. 464/5. Sp. 1 zu streichen ( ), einzutragen Sp. 23 Fahrzeuge, Sp. 34 Brennerei, Sp. 35 Bytow 7 km (L), Gembitz 6 km (L), Goryczewo 2 km (L).

„ **Kunzendorf a. B.** S. 464/5. Sp. 22 zu streichen Privatbestätterei, Sp. 23 einzutragen Fahrzeuge u. Sprengstoffe.

„ **Kuth**. S. 466/7. Sp. 1 statt 21 E. **22** E., Sp. 35 statt 0,5 **1**.

„ **Kyllburg**. S. 466. Sp. 66 statt Gerolstein Cöln, Sp. 17 statt 9 **13**.

„ **Kyritz***. S 466/7. Sp. 22 einzutragen Bahnamtlich.

Station **Laasphe***. S. 468/9. Sp. 23 einzutragen Sprengstoffe.

„ **Labes**. S. 468/9. Sp. 10 zu streichen **1**, Sp. 22 einzutragen Bahnamtlich.

„ **Labiau***. S. 468/9. Sp. 10 zu streichen **1**, Sp. 22 einzutragen Bahnamtlich; Sp. 16 statt 5 **1**.

„ **Längwitz-Vorstadt**. S. 468/9. Sp. 8 statt V **III**, Sp. 26 einzutragen Arnstadt.

„ **Lage**. S. 468. Sp. 10 einzutragen **1**.

„ **Laggenbeck**. S. 468. Sp. 17 statt 4 **3**.

„ **Lahrbach**. S. 470. Die Station nebst allen Angaben ist zu streichen.

„ **Lammsdorf***. S. 470. Sp. 5 nachzutragen **I**.

„ **Lampaden***. S. 470/1. Nachzutragen Sp. 1 † mit der Anmerkung † Fahrkarten-Verkauf durch den Zugführer, Sp. 2 hinter Trier r. M., Sp. 23 Fahrzeuge.

„ **Landsberg b. Halle a. S.** S. 470/1. Sp. 20 einzutragen **1**, Sp. 32 statt A **P**, Sp. 33 zu streichen **S**.

„ **Landsberg a. W.** S. 470/1. Sp. 2 statt Dirschau Schneidemühl, Sp. 17 statt 51 **57**, Sp. 19 statt 8 **9**, u. statt 2 **3**, nachzutragen Sp. 20 **2**, Sp. 21 **1**, Sp. 25 (Stadt), Sp. 34 zu streichen Holzhandlungen.

„ **Landsberger Allee**. S. 470/1. Nachzutragen Sp. 8 **A**, Sp. 31 **I u. II**, Sp. 9 zu streichen **A**.

„ **Langelsheim**. S. 472. Sp. 19 einzutragen $\frac{1}{3200}$ kg

„ **Langenberg** (Rheinland). S. 472. Sp. 6 einzutragen **1**, Sp. 10 u. 11 zu streichen **1**.

„ **Langenbieber***. S. 472/3. Sp. 1 statt 205 **250**, Sp. 23 einzutragen Fahrzeuge, deren Ver- oder Entladung nur von der Kopfseite des Wagens erfolgen kann.

„ **Langendreer** (B.-M.). S. 472/3. Sp. 13 statt 3 **1**, Sp. 16 statt 24 **26**, Sp. 17 statt 125 **159**, Sp. 20 einzutragen **1**, Sp. 27 statt Essen Bochum, Sp. 29 statt Essen und

„ **Langendreer** (Rh.). S. 474/5. Sp. 17 statt 44 **64**, Sp. 21 statt 5 **6**, Sp. 27 statt Essen Bochum, Sp. 29 statt Essen und

„ **Langenei***. S. 474/5. Sp. 23 einzutragen Sprengstoffe.

„ **Langenhanshagen***. S. 474. Sp. 21 einzutragen **1**.

„ **Langenhorn**. S. 474/5. Sp. 23 zu streichen größere und nachzutragen Sprengstoffe.

„ **Langenschwalbach***. S. 476. Sp. 5 nachzutragen **I**, Sp. 15 statt 1 **2**, Sp. 17 statt 1 **6**.

„ **Langenweddingen**. S. 476. Sp. 2 statt Magdeburg Magdeburg.

„ **Langerfeld***. S. 476/7. Sp. 23 einzutragen alle Verkehrsarten.

Station **Langfuhr**. S. 476/7. Sp. 33 statt R U.

„   **Langschede**. S. 478/9. Sp. 17 statt 17 **18**, Sp. 19 nachzutragen (fahrbar).

„   **Langwedel**. S. 478/9. Sp. 1 statt 795 **805**, Sp. 17 statt 31 **26**, Sp. 10 einzutragen l, Sp. 34 nachzutragen Cigarrenfabrik.

„   **Lanz**. S. 478/9. Sp. 23 nachzutragen Sprengstoffe.

„   **Lappin***. S. 478/9. Sp. 33 zu streichen R.

„   **Lassowitz**. S. 478. Sp. 2 statt statt Breslau Kreuzburg.

„   **Laubuseschbach***. S. 480/1. Sp. 1 statt Bhf. 3. Kl. Haltest. f. P. u. G., statt 994 **977**, Sp. 17 statt 1 **4**, Sp. 23 einzutragen Fahrzeuge.

„   **Laucha***. S. 480/1. Sp. 1 statt 3. Kl. **2. Kl.**, Sp. 35 bei Bibra statt 5 km **7 km**.

„   **Lauchhammer**. S. 480/1. Sp. 1 statt 375 **386**, Sp. 21 einzutragen l, Sp. 23 Sprengstoffe, Fahrzeuge u. Vieh.

„   **Lauenbrück**. S. 480/1. Sp. 1 statt 520 **410**, Sp. 17 statt 10 **8**, Sp. 23 einzutragen Fahrzeuge.

„   **Lauenburg a. Elbe**. S. 480/1. Sp. 33 statt I S.

„   **Lauenburg i. Pom**. S. 480. Sp. 10 zu streichen l, Sp. 17 statt 15 **17**.

„   **Laurahütte**. S. 482. Sp. 5 statt 1 **III**, Sp. 21 statt 4 **5**.

„   **Laurenburg**. S. 482. Sp. 17 statt 1 **13**.

„   **Lautenburg i. Westpr***. S. 482/3. Sp. 19 zu streichen Wandkrahn, nachzutragen Sp. 21 **1**, Sp. 22 Bahnamtlich, Sp. 34 Brauereien, Brennereien, Sp. 35 Kuriad 6 km (L), Liborz 2 km (Ch), Neu-Zielun 8 km (Ch).

„   **Lazisk***. S. 482. Sp. 5 statt III **II**, Sp. 21 einzutragen 1.

„   **Lebehnke,***. S. 484. Sp. 1 statt 1160 **1455**.

„   **Leck***. S. 484. Sp. 13 einzutragen 1.

„   **Leer**. S. 484/5. Sp. 19 statt 18 **12** u. zu streichen **15000**, Sp. 35 nachzutragen Amdorf 7 km (Ch), Solberg 5 km **(Ch)**.

„   **Lehrte**. S. 484. Sp. 2 statt Hamm/Braunschweig Hannover/Stendal, Sp. 17 statt 117 **110**, Sp. 21 statt 4 **5**.

„   **Lehrter Bahnhof**. S. 484/5. Sp. 31 nachzutragen I u. II.

„   **Leichlingen**. S. 484. Sp. 18 statt 1 **2**.

„   **Leimstruth***. S. 486/7. Sp. 23 einzutragen Sprengstoffe.

„   **Leinefelde**. S. 486. Sp. 1 statt 1400 **1700**, Sp. 21 einzutragen 1.

„   **Leinhausen**. S. 486. Sp. 17 statt 50 **53**.

„   **Leipzig (Magdeb. Bhf.)**. S. 486. Sp. 17 statt 136 **138**.

„   **Leipzig (Berliner Bhf.)**. S. 486. Sp. 1 statt 355000 **357122**, Sp. 19 statt 12000 **12500**.

„   **Leipzig (Eilenburger Bhf.)**. S. 488. Sp. 9 einzutragen B, Sp. 18 statt 1 **2**.

„   **Leipzig (Thüringer Bhf.)**. S. 488. Sp. 16 statt 27 **33**, Sp. 17 statt 64 **72**, Sp. 19 statt 1000/2500 **10000**.

„   **Leisewitz**. S. 488/9. Zu streichen Sp. 10 1, Sp. 22 Privatbestätterei, einzutragen Sp. 21 **1**, Sp. 23 Fahrzeuge u. Sprengstoffe.

„   **Lemförde**. S. 488/9. Sp. 35 statt Beckum Brokum und nachzutragen Dielingen 3 km. (L).

„   **Lengenfeld unterm Stein**. S. 480/1. Sp. 28 u. 29 statt Heiligenstadt Dingelstädt.

„   **Lengerich i. W**. S. 490/1. Sp. 17 statt 20 **17**, Sp. 21 statt 3 **4**, Sp. 35 statt 11 km **7 km**, Sp. 34 nachzutragen Drahtseilfabrik.

„   **Lenhausen**. S. 490/1. Einzutragen Sp. 18 1, Sp. 23 Sprengstoffe.

Station **Tenne***. S. 490/1. Sp. 23 einzutragen Leichen, Fahrzeuge u. Sprengstoffe.

„   **Lennep**. S. 490/1. Sp. 16 statt 23 26, Sp. 17 statt 40 55, Sp. 31 statt Gräfrath Lennep.

„   **Tenfahn***. S. 490/1. Sp. 23 einzutragen schwerwiegende Fahrzeuge u. Sprengstoffe.

„   **Lenzen a. Elbe**. S. 492/3. Sp. 33 statt R S.

„   **Leobschütz***. S. 492. Sp. 1 zu streichen *, Sp. 19 nachzutragen kg.

„   **Leschnitz**. S. 492/3. Sp. 22 zu streichen Privatbestätterei.

„   **Lessen***. S. 492/3. Sp. 1 statt Haltest. f. P. u. G. Bhf. 3. Kl., Sp. 10 zu streichen 1, Sp. 15 statt 1 2, Sp. 16 statt 2 1, einzutragen Sp. 19 $\frac{1}{1250\ \text{kg}}$, Sp. 20 1, Sp. 22 Bahnamtlich, Sp. 34 Molkerei; Sp. 35 statt Koerberrode Koerberode, statt Jankwitz 7 Jankowitz 4, statt Stupp Slupp.

„   **Letmathe**. S. 492/3. Sp. 10 statt 2 1, Sp. 16 statt 11 12, Sp. 17 statt 60 72, nachzutragen Sp. 19 (fahrbar), Sp. 23 Sprengstoffe, Sp. 34 hinter Messing- u. Gußwaaren-, Kalkbrennereien.

„   **Letschin**. S. 492. Sp. 20 einzutragen 1.

„   **Leubingen**. S. 494/5. Sp. 1 statt Bhf. 3. Kl. Haltest. f. P. u. G., Sp. 35 statt Alt-Bachlingen Alt-Beichlingen, bei Schloß Beichlingen statt 9 8, bei Stödten statt 2 km 3 km.

„   **Lichtenberg-Friedrichsfelde**. S. 496/7. Nachzutragen Sp. 9 B, Sp. 31 (Sitz in Berlin), Sp. 34 Seifenfabrik; Sp. 13 statt 1 2, Sp. 14 statt 2 3, Sp. 15 statt 14 30.

„   **Lichtenfeld***. S. 496/7. Sp. 17 statt 5 7, Sp. 35 statt Wildenhoff Wilbenhof.

„   **Liebau**. S. 496/7. Sp. 35 bei Dittersbach statt 7 km 2 km, statt Grüssemisch 2 km (Ch) Hermsdorf—Grüßanisch 7 km (Ch).

„   **Liebenau**. S. 496/7. Sp. 23 einzutragen Sprengstoffe.

„   **Lieser-Mülheim***. S. 498/9. Sp. 23 einzutragen Fahrzeuge, Sp. 33 zu streichen S.

„   **Ließau**. S. 498/9. Sp. 17 statt 8 7, zu streichen Sp. 33 R, Sp. 34 Liessau.

„   **Limburg a. Lahn**. S. 498. Sp. 7 selbst. Eilg.-Abf. zu streichen 1, Sp. 17 statt 1 106, Sp. 19 statt $\frac{1}{\substack{4000\\ \text{kg}}}$ $\frac{2}{\substack{10000\\4000\\ \text{kg}}}$, Sp. 20 statt 1 2, Sp. 21 statt 2 1.

„   **Lindau i. Anhalt**. S. 498/9. Sp. 35 zu streichen Coburg Stadt 10 km (Ch).

„   **Linden*** (Küchengarten). S. 500/1. Sp. 34 statt mechanische Weberei mechanische Webereien und nachzutragen Wattenfabrik, Gasanstalt.

„   **Lindenau i. Westpr.***. S. 500. Sp. 1 statt 300 42, Sp. 5 nachzutragen II.

„   **Lindenbach**. S. 500/1. Sp. 5 statt Limburg a. Lahn Wiesbaden II, Sp. 17 statt 1 6, Sp. 23 nachzutragen Leichen, Fahrzeuge, Vieh.

„   **Lindenbusch***. S. 502/3. Sp. 23 zu streichen schwerwiegende.

„   **Lindern a. Rh.**. S. 502. Zu streichen Sp. 1 a. Rh., Sp. 16 25; Sp. 5 nachzutragen I, Sp. 17 statt 1 25, einzutragen Sp. 18 und Sp. 20 1.

„   **Linderode**. S. 502. Sp. 7 zu streichen 1.

„   **Lindholm**. S. 502/3. Sp. 23 einzutragen Sprengstoffe.

„   **Lindhorst**. S. 502. Sp. 17 statt 8 10.

„   **Linkuhnen***. S. 502. Sp. 17 einzutragen 2, Sp. 18 zu streichen 2.

„   **Linn**. S. 502. Sp. 10 einzutragen 1.

„   **Linz a. Rh.**. S. 504. Sp. 21 einzutragen 1.

„   **Linsburg**. S. 504. Sp. 1 statt 572 591.

„   **Lippstadt**. S. 504/5. Sp. 15 statt 7 11, Sp. 19 statt $\frac{2}{\substack{6000\\5000\\ \text{kg}}}$ $\frac{1}{\substack{6000\\ \text{kg}}}$, Sp. 34 nachzutragen Bierbrauerei.

„   **Lispenhausen**. S. 504/5. Sp. 23 nachzutragen Leichen, Fahrzeuge und Vieh.

Station **Lissa (Deutsch)**. S. 504/5. Sp. 30 einzutragen Breslau.

   „   **Lissa i. P.** S. 506/7. Sp. 16 statt 41 **48**, Sp. 17 statt 73 **75**, Sp. 19 statt 5000 **4000**, Sp. 26 einzutragen Lissa i. P.

   „   **Littfeld.** S. 506/7. Sp. 23 nachzutragen Sprengstoffe.

   „   **Lobberich.** S. 506. Sp. 10 einzutragen 1; Sp. 17 statt 9 **10**, Sp. 18 statt 2 **1**.

   „   **(Loburg*).** S. 506/7. Zu streichen Sp. 1 ( ), Sp. 16 1, Sp. 10 einzutragen 1, Sp. 17 statt 8 **10**, Sp. 18 statt 2 **1**, Sp. 22 statt Privatbestätterei Bahnamtlich.

   „   **Lockstedter-Lager.** S. 506/7. Nachzutragen Sp. 1 (Bahnhof liegt in der Gemeinde Lobarbeck), Sp. 35 Lobarbeck 2 km (L); Sp. 8 statt IV **V**, Sp. 26 statt Reher Lobarbeck.

   „   **Löcknitz.** S. 508/9. Sp. 22 zu streichen Güternebenstelle Brüssow 11 km.

   „   **Löhnberg.** S. 508/9. Sp. 17 statt 1 **12**, einzutragen Sp. 34 Papiermasse-Fabrik, Dampfmehlmühle, Sp. 35 Niederhausen 3 km (Ch), Oberhausen 5 km (Ch).

   „   **Löhne i. Westf.** S. 508. Sp. 15 statt 6 **8**, Sp. 17 statt 106 **63**.

   „   **Löttringhausen.** S. 508. Einzutragen Sp. 16 **3**, Sp. 21 **2**.

   „   **Löwen i. Schl.** S. 508/9. Sp. 30 einzutragen Breslau.

   „   **Löwenberg i. d. M.** S. 508. Sp. 1 statt 3. Kl. **2. Kl.**

   „   **Löwenberg i. Schl.*** S. 508. Sp. 6 einzutragen 1.

   „   **Löwenhagen.** S. 510/1. Sp. 1 statt 384 **410**, Sp. 34 zu streichen in Friedrichstein.

   „   **Lohe*.** S. 510/1. Nachzutragen Sp. 23 Sprengstoffe, Sp. 34 Holzdestillation

   „   **Lopienno*.** S. 512/3. Sp. 35 statt Recz Reiz.

   „   **Lorch.** S. 512. Sp. 5 nachzutragen II, Sp. 17 statt 1 **9**.

   „   **Lossen.** S. 512/3. Sp. 23 statt Leichen, Fahrzeuge und Vieh Fahrzeuge und Sprengstoffe.

   „   **Lotte.** S. 514. Sp. 1 nachzutragen u. G.

   „   **Louisa.** S. 514. Sp. 1 statt 150 E. (zur Gemeinde Frankfurt a. M. gehörig).

   „   **Louisenthal.** S. 514/5. Sp. 17 statt 37 **38**, Sp. 22 einzutragen Bahnamtlich.

   „   **Loxstedt.** S. 514. Sp. 1 statt 713 **729**, Sp. 10 einzutragen 1.

   „   **Lubomierz.** S. 514/5. Die Station nebst allen Angaben ist zu streichen.

   „   **Lubow*.** S. 516/7. Sp. 28 und 29 statt Ratzebuhr Tempelburg.

   „   **Luckenau.** S. 516. Zu streichen Sp. 18 1, Sp. 19 $\frac{1}{30000}$ kg, Sp. 20 einzutragen 1.

   „   **Luckenwalde.** S. 516/7. Sp. 16 statt 2 **1**, Sp. 33 statt U **S**, Sp. 35 statt Zima Zinna, statt Goltow Gottow, Sp. 34 nachzutragen Hut- und Papierwaaren-Fabriken, Kalköfen, Kiesgrube.

   „   **Ludwigsdorf.** S. 516/7. Sp. 30 zu streichen Glatz.

   „   **Ludwigsfelde.** S. 518/9. Sp. 23 einzutragen Sprengstoffe.

   „   **Ludwigsglück.** S. 518. Sp. 5 statt II **III**.

   „   **Ludwigshütte*.** S. 518/9. Sp. 23 einzutragen Sprengstoffe.

   „   **Ludwigslust.** S. 518/9. Sp. 23 einzutragen Sprengstoffe.

   „   **Ludwigsort.** S. 518/9. Zu streichen Sp. 5 I, Sp. 33 R, Sp. 35 einzutragen Brandenburg 7 km (Ch).

   „   **Lübben.** S. 518. Sp. 17 statt 9 **15**.

   „   **Lübberstedt.** S. 520. Sp. 1 statt 218 **214**.

   „   **Lüchtringen.** S. 520/1. Sp. 23 einzutragen Gepäck in der Richtung von Lüchtringen.

   „   **Lüchtringen-Steinkrug.** S. 520/1. Sp. 23 nachzutragen Sprengstoffe; Sp. 26 statt Lüchtringen Höxter-Albaxen.

   „   **Lüdenscheid*.** S. 520/1. Sp. 18 statt 2 **1**, Sp. 29 statt 1 **2**.

— 51 —

Station Lügde. S. 520/1. Nachzutragen Sp. 1 2550 E., Sp. 17 4, Sp. 18 1, Sp. 22 Privatbeſtätterei, Sp. 31 Paderborn, Sp. 32 P, Sp. 34 Cigarren-Fabriken, Sp. 35 Eichenbrück 6 km (Ch), Riſchenau 11 km (Ch), Sabtenhauſen 8 km (Ch), Dahlbruch 12 km (Ch), Nieße 15 km (Ch); Sp. 5 ſtatt III II, Sp. 24 ſtatt Arolſen Minden, Sp. 25 ſtatt Pyrmont Höxter, Sp. 27 ſtatt Hannover Paderborn, Sp. 28 ſtatt Pyrmont Steinheim, Sp. 29 ſtatt Hannover Paderborn, ſtatt Pyrmont Steinheim.

    „   Lüneburg. S. 522. Sp. 1 ſtatt 20681 21400, Sp. 13 ſtatt 1 2, Sp. 17 ſtatt 137 111, Sp. 19 ſtatt 4 3, zu ſtreichen 7500, 3000 und nachzutragen 10000, Sp. 21 ſtatt 5 3.

    „   Lütgendortmund. S. 522. Sp. 8 ſtatt IV V, Sp. 17 ſtatt 37 40, einzutragen Sp. 7 ſelbſt. Güterabf. 1, Sp. 20 1.

    „   Lütjenburg*. S. 522/3. Nachzutragen Sp. 1 (im Gutsbezirk Helmſtorf liegend), Sp. 18 1, Sp. 23 Sprengſtoffe; Sp. 8 ſtatt IV V, Sp. 17 ſtatt 3 7, Sp. 26 ſtatt Lütjenburg Helmſtorf, Sp. 33 ſtatt U S, Sp. 35 bei Kühren ſtatt 3 km 4 km, bei Klamp ſtatt 4 km (Ch) 3 km (L).

    „   Lütjenſee. S. 522/3. Sp. 23 ſtatt größere ſchwerwiegende und nachzutragen Sprengſtoffe.

    „   Lützel*. S. 524/5. Sp. 23 einzutragen Sprengſtoffe.

    „   Lützkendorf*. S. 524. Sp. 18 zu ſtreichen 1.

    „   Lützſchena. S. 524/5. Sp. 23 zu ſtreichen Gepäck.

    „   (Luiſenthal)*. S. 524/5. Sp. 1 zu ſtreichen ( ) und nachzutragen i. Thür., einzutragen Sp. 17 2, Sp. 18 1, Sp. 30 Gotha.

    „   Lunden. S. 524/5. Sp. 23 einzutragen Sprengſtoffe.

    „   Lyck. S. 524/5. Sp. 1 ſtatt 10015 10695, Sp. 33 ſtatt HS S, Sp. 35 ſtatt Schedlisk Schedlisken, Sp. 22 einzutragen Bahnamtlich.

Station Magdeburg (Centralbahnhof). S. 526. Sp. 16 ſtatt 100 140, Sp. 17 ſtatt 386 382.

    „   Magdeburg (Elbbahnhof). S. 526/7. Sp. 10 ſtatt 2 1, Sp. 14 zu ſtreichen 1, Sp. 17 ſtatt 108 116, Sp. 19 ſtatt 11 13, ſtatt 9 11, Sp. 21 ſtatt 5 6, Sp. 23 nachzutragen Perſonen, Gepäck.

    „   Mahlow. S. 526/7. Sp. 23 einzutragen Sprengſtoffe.

    „   Mahlwinkel. S. 526/7. Sp. 33 zu ſtreichen S.

    „   Mahndorf. S. 526. Sp. 1 ſtatt 755 740.

    „   Malapane. S. 526/7. Sp. 13 einzutragen 1, Sp. 22 zu ſtreichen Privatbeſtätterei, Sp. 34 nachzutragen Zinkwalzwerk, Mehlmühle u. Holzſtofffabrik.

    „   Maldeuten*. S. 526/7. Sp. 4 ſtatt Danzig Allenſtein, Sp. 5 ſtatt Elbing II Allenſtein I, Sp. 19 einzutragen $\frac{1}{5000}$ kg, zu ſtreichen Sp. 33 R und Sp. 35 Holz-.

    „   Malsfeld. S. 528/9. Sp. 21 einzutragen 1, Sp. 31 ſtatt Fritzlar Caſſel II.

    „   Maltſch. S. 528/9. Sp. 30 einzutragen Breslau.

    „   Manierzki*. S. 528/9. Sp. 31 einzutragen Brennerei.

    „   Mansfeld. S. 528/9. Sp. 17 ſtatt 31 32, Sp. 22 ſtatt Bahnamtlich Bahnamtliche u. Privatbeſtätterei, Sp. 28 ſtatt Mansfeld Eisleben, Sp. 29 ſtatt Mansfeld Helbra.

    „   Marburg. S. 530. Sp. 19 nachzutragen $\frac{5000}{kg}$

    „   Marggrabowa*. S. 530/1. Sp. 10 zu ſtreichen 1; Sp. 33 ſtatt U S, Sp. 35 ſtatt Gr.-Cymſchen Gr.-Cymochen.

    „   Marienau* S. 530/1. Sp. 33 zu ſtreichen R, Sp. 34 einzutragen Ziegelei.

    „   Marienburg i. Weſtpr. S. 530/1. Sp. 13 ſtatt 1 2, Sp. 16 ſtatt 3 4, Sp. 17 ſtatt 49 48, Sp. 19 ſtatt 5 3 u. zu ſtreichen daſelbſt $\frac{2}{2500}$, Sp. 33 R, Sp. 34 nachzutragen Brauereien, Schneidemühlen, Ziegeleien.

Station **Marienburg i. Hannover**. S. 530/1. Sp. 34 einzutragen Genossenschaftsmolkerei.

" **Marienfelde**. S. 530. Sp. 21 einzutragen 1.

" **Marienwerder i. Westpr***. S. 532/3. Sp. 35 zu streichen Marcse ₁ km (Ch).

" **Maring***. S. 532. Sp. 1 nachzutragen † mit der Anmerkung † Fahrkartenverkauf durch den Zugführer.

" **Markranstädt**. S. 532/3. Sp. 26 einzutragen Markranstädt.

" **Marktgölitz**. S. 532. Sp. 1 statt Haltep. Haltest., Sp. 18 zu streichen 1.

" **Marsberg**. S. 534. Sp. 1 statt 1270 **3538**.

" **Marten**. S. 534/5. Sp. 17 statt 22 **19**, Sp. 34 nachzutragen Kokereien, Dampfbrennereien.

" **Martinroda***. S. 534/5. Sp. 1 zu streichen ( ) u. statt Haltep. f. P. Haltest. f. P. u. G., nachzutragen Sp. 17 **15**, Sp. 18 **1**, Sp. 23 Fahrzeuge, Sprengstoffe, Sp. 35 Neusitz 2 km (L).

" **Marxen***. S. 534/5. Sp. 23 statt größere schwere u. nachzutragen Sprengstoffe.

" **Mattierzoll**. S. 536. Sp. 17 statt 16 **19**.

" **Mechtersen***. S. 536/7. Sp. 23 einzutragen Sprengstoffe.

" **Mecklar**. S. 538/9. Sp. 5 statt Fulda Göttingen, Sp. 35 einzutragen Rohrbach 3 km (L).

" **Meerholz**. S. 538/9. Die Angaben in Sp. 23 sind zu streichen.

" **Mehlauken***. S. 538/9. Sp. 10 zu streichen 1, Sp. 22 einzutragen Bahnamtlich.

" **(Mehlis*)**. S. 538/9. Sp. 1 zu streichen ( ) u. statt Bhf. 3. Kl. Haltest. f. P. u. G., Sp. 23 einzutragen Fahrzeuge, Vieh u. Sprengstoffe.

" **Mehlsack**. S. 538. Sp. 16 statt 3 **4**.

" **Meiderich**. S. 540. Sp. 17 statt 27 **25**.

" **Meine***. S. 540. Sp. 2 zu streichen Gifhorn‑

" **Meinersen**. S. 540/1. Sp. 24 statt Lüneburg Hildesheim.

" **Meinerzhagen***. S. 540. Sp. 17 statt 9 **7**, Sp. 18 statt 2 **1**.

" **Melle**. S. 540. Einzutragen Sp. 10 **1**, Sp. 13 **1**; Sp. 17 statt 16 **14**.

" **Mellendorf***. S. 540. Sp. 17 statt 12 **9**.

" **Melno***. S. 542/3. Sp. 1 statt 420 **334**, Sp. 21 statt 1 **2**, Sp. 32 statt **A P**, Sp. 35 statt 10 km **7** km.

" **Melschin***. S. 542/3. Sp. 25 statt Witkowo Gnesen.

" **Melsungen**. S. 542/3. Sp. 33 einzutragen S.

" **Memel**. S. 542. Sp. 17 statt 26 **28**.

" **Mengede**. S. 542. Sp. 17 statt 17 **19**.

" **Meppen**. S. 542. Sp. 17 statt 18 **19**.

" **Merklinde**. S. 544/5. Sp. 17 statt 19 **18**, Sp. 34 nachzutragen Ziegeleien.

" **Mersch**. S. 544/5. Sp. 17 statt 5 **6**, Sp. 32 statt **P A**, Sp. 35 statt (L) (Ch).

" **Merseburg**. S. 544/5. Einzutragen Sp. 7 selbst. Eilgut-Abf. **1**, Sp. 26 Merseburg.

" **Merzdorf**. S. 544. Sp. 1 statt 3. Kl. 2. Kl., Sp. 17 statt 13 **14**.

" **Merzig**. S. 544. Sp. 17 statt 25 **29**, Sp. 21 statt 3 **6**.

" **Meseritz***. S. 546. Einzutragen Sp. 9 **B**, Sp. 21 **1**; Sp. 16 statt 6 **16**, Sp. 17 statt 29 **27**.

" **Mettmann**. S. 546/7. Sp. 2 statt Elberfeld Elberfeld-Mirke, Sp. 17 statt 14 **13**, Sp. 9 zu streichen 1, nachzutragen Sp. 10 **1**, Sp. 34 Knopf-, Margarine- u. Maschinenfabrik.

" **Meyn-Mallsbüll***. S. 548/9. Sp. 23 einzutragen Sprengstoffe.

" **Milcz-Hauland***. S. 548. Sp. 1 statt 218 **1235**.

" **Miloslaw**. S. 550. Sp. 17 statt 7 **9**, Sp. 18 einzutragen 1.

" **Milspe**. S. 550/1. Sp. 23 einzutragen Sprengstoffe.

Station **Milspe-Thal***. S. 550/1. Sp. 23 einzutragen Sprengstoffe.

„ **Milkow**. S. 550. Sp. 17 statt 9 **7**.

„ **Minden**. S. 550/1. Sp. 16 statt 78 **75**, Sp. 17 statt 133 **106**, Sp. 32 nachzutragen P.

„ **Mischke***. S. 552/3. Sp. 34 nachzutragen Brennerei; Sp. 35 statt Waldau Walden.

„ **Mittelhusen***. S. 552. Sp. 1 statt (keine Ortschaft) 800 E., Sp. 8 statt II **V**.

„ **Mittelsteine**. S. 552/3. Sp. 22 nachzutragen ausschl. Abbendorf.

„ **Mittelwalde**. S. 552. Sp. 14 statt 2 **1**, Sp. 16 statt 8 **5**, Sp. 17 statt 37 **36**.

„ **Moabit**. S. 552/3. Sp. 31 nachzutragen I u. II.

„ **Mochbern**. S. 552/3. Sp. 30 einzutragen Breslau.

„ **Mocker i. Oberschl.** S. 554. Sp. 1 nachzutragen hinter dem Stationsnamen *.

„ **Mocker i. Westpr.***. S. 554. Sp. 1 statt 6670 **11000**, Sp. 17 statt 17 **19**, Sp. 35 nachzutragen Leibitsch 8 km (Ch), Thorn 3 km (Ch).

„ **Mockrehna**. S. 554. Sp. 7 zu streichen **1**.

„ **Modlau**. S. 554/5. Sp. 30 einzutragen Liegnitz.

„ **(Möckern*)**. S. 554/5. Sp. 1 zu streichen ( ), Sp. 22 einzutragen Privatbestätterei.

„ **(Mögeltondern*)**. S. 554/5. Sp. 1 zu streichen ( ), einzutragen Sp. 17 **3**, Sp. 18 **1**, Sp. 23 Sprengstoffe.

„ **Möhlten**. S. 554/5. Sp. 30 zu streichen Glatz.

„ **Möhnsen**. S. 554/5. Sp. 23 statt größere schwerwiegende u. nachzutragen Sprengstoffe.

„ **Mörs***. S. 556/7. Sp. 17 statt 11 **8**, Sp. 10 nachzutragen I, Sp. 34 Seide u. Sammt.

„ **Mörshausen**. S. 556/7. Sp. 1 statt 200 **350**, Sp. 31 statt Fritzlar Cassel II.

„ **Mogilno**. S. 556/7. Einzutragen Sp. 15 **1**, Sp. 16 **2**; Sp. 17 statt 11 **30**, Sp. 35 zu streichen Strelno 17 km (Ch).

„ **Mohrungen***. S. 556/7. Sp. 4 statt Danzig Allenstein, Sp. 5 statt Elbing II Allenstein I, Sp. 16 statt 9 **8**, Sp. 19 statt 3 **2**; zu streichen daselbst 1 u. **2**, Sp. 21 **1**, Sp. 33 R, einzutragen Sp. 34 Brauereien, Schneidemühlen, Sp. 35 Georgenthal 4 km (Ch), Hermenau 7 km (Ch).

„ **Mollhagen**. S. 558/9. Sp. 23 einzutragen Sprengstoffe.

„ **Montjoie***. S. 558. Sp. 20 einzutragen **1**.

„ **Montwy***. S. 558. Sp. 1 nachzutragen (im Stadtbezirk Jnowrazlaw belegen); Sp. 8 statt V II.

„ **Morroschin**. S. 560. Sp. 17 statt 10 **12**.

„ **Morsbach*** (Bez. Aachen). S. 560. Sp. 1 statt Haltest. f. P. u. G. Bhf. 3. Kl.

„ **Moschin**. S. 560/1. Sp. 13 statt 2 **1**, Sp. 26 einzutragen Moschin.

„ **Mostgkau**. S. 560/1. Nachzutragen Sp. 23 Leichen, Fahrzeuge u. Vieh, Sp. 35 Chörau 3 km (L), Kochstedt 4 km (L), Libbesdorf 5 km (L).

„ **Mücheln***. S. 562/3. Sp. 19 zu streichen $\frac{1}{29000}$ **kg**; Sp. 33 statt R S.

„ **Mückenberg**. S. 562/3. Sp. 29 statt Mückenberg Elsterwerda.

„ **Mühlenbarbek**. S. 562. Sp. 1 statt 270 **264**.

„ **Mühlhausen i. Ostpr.** S. 562/3. Sp. 1 nachzutragen (im Gemeindebezirk Herrndorf belegen), zu streichen Sp. 5 I, Sp. 33 R; Sp. 17 statt 14 **16**.

„ **Mühlhausen i. Th.** S. 564. Sp. 17 statt 46 **50**, Sp. 19 statt 1 **2** und zuzusetzen **2000** kg.

„ **Mülheim a. Rh.** (B.-M.) S. 564/5. Sp. 16 statt 25 **26**, Sp. 17 statt 81 **88**, Sp. 34 nachzutragen Segeltuch-Leinen- u. Cabakfabrik.

„ **Mülheim a. Rh.** (C.-M.) S. 564/5. Sp. 33 einzutragen U.

Station **Mülheim a. Ruhr.** S. 566/7. Sp. 15 statt 13 **14**, Sp. 17 statt 81 **74**, Sp. 34 nachzutragen chemische Fabrik, Maschinenfabriken, Gerbereien, Lederfabrikation.

  „ **Mülheim-Eppinghofen.** S. 566. Sp. 5 statt II **IV**, Sp. 17 statt 21 **36**, einzutragen Sp. 6 **1**, Sp. 7 selbst. Güterabf. **1**, Sp. 13 **1**, Sp. 7 zu streichen selbst. Eilgutabf. **1**.

  „ **Müllenborn*.** S. 566/7. Sp. 23 einzutragen Fahrzeuge.

  „ **M.-Gladbach** (Bhf. 1. Kl.). S. 566/7. Sp. 2 statt Crefeld/Rheydt Aachen/Neuß, Sp. 16 statt 35 **33**, Sp. 17 statt 142 **107**, Sp. 19 statt $\frac{1}{7500\ \text{kg}}$ $\frac{4}{1}$ 7500 2500 2 750 kg , Sp. 35 statt Haards Haardt, Sp. 7 selbst. Gepäckabf. zu streichen **1**.

  „ **M.-Gladbach am Bökel.** S. 566/7. Sp. 17 statt 19 **17**, Sp. 35 statt Haards Haardt.

  „ **M.-Gladbach am Speik.** S. 566/7. Sp. 19 statt 1000 **6000**, Sp. 35 statt Haards Haardt.

  „ **Münchhausen*.** S. 566/7. Sp. 23 einzutragen Sprengstoffe.

  „ **Münden i. H.** S. 568. Sp. 17 statt 47 **50**, Sp. 21 nachzutragen Drahtseilbahn.

  „ **Münster i. W.** S. 568. Sp. 15 statt 18 **29**, Sp. 16 statt 27 **36**, Sp. 17 statt 128 **125**.

  „ **Münster a. St.** S. 568. Sp. 17 statt 22 **23**.

  „ **Münsterbusch*.** S. 568. Sp. 1 statt Haltest. f. G. Bhf. 3. Kl.

  „ **Mürow*.** S. 570. Sp. 19 zu streichen $\frac{1}{750}$ kg

  „ **Muldenstein.** S. 570. Nachzutragen Sp. 1 hinter G. der Anschlußinhaber, Sp. 21 **3**, Sp. 34 Thonwaarenfabrik, Ziegeleien, Steinbruch.

  „ **Munster.** S. 570/1. Sp. 1 statt 469 **499**, einzutragen Sp. 10 **1**, Sp. 34 Militärschießplatz.

  „ **Murow*.** S. 570/1. Sp. 23 nachzutragen Sprengstoffe, Sp. 33 zu streichen **HS**.

  „ **Myslowitz.** S. 570/1. Sp. 34 nachzutragen städtisches Lagerhaus u. städtisches Schlachthaus.

Station **Naensen.** S. 572. Sp. 18 statt 1 **2**.

  „ **Naklo.** S. 572. Sp. 5 statt I **III**.

  „ **Najmowo*.** S. 572/3. Sp. 1 statt Haltep. Haltest., Sp. 35 bei Wichulez statt L Ch, statt Summowo 3 km (Ch u. L) Cummowo 3 km (L).

  „ **Nassau.** S. 574. Sp. 17 statt 1 **18**.

  „ **Nassow.** S. 574/5. Sp. 31 statt Cöslin Belgard.

  „ **Nauen.** S. 574. Sp. 21 einzutragen **1**.

  „ **Naumburg a. S.** S. 574/5. Sp. 9 einzutragen **B**, Sp. 17 statt 45 **49**, Sp. 34 zu streichen Holzschleifereien und Kalk und nachzutragen Kokes- u. Ammoniakfabrik, Zuckerfabriken, Gypsmühlen, Papier-, Wollwaaren-, Kamm- u. Paraffinkerzenfabriken, Sp. 35 Altenburg a. S. (Almrich) 3 km (Ch), Boblas 7 km (Ch), Grochlitz 3 km (Ch), Jamsroda 8 km (Ch), Groß-Jena 4 km (L), Klein-Jena 3 km (Ch). Mertendorf 9 km (Ch). Neidschütz 8 km (Ch), Osterfeld 15 km (Ch), Schkölen 16 km (Ch), Stößen 12 km (Ch), Waldau 18 km (Ch), Wethau 7 km (Ch).

  „ **Naukzken*.** S. 576/7. Sp. 1 statt 168 **170**, Sp. 34 einzutragen Molkerei.

  „ **Nebra*.** S. 576/7. Sp. 1 statt 2 **3**, nachzutragen Sp. 21 **1**, Sp. 34 Bildhauerei, Ziegelei, Schiffsbauerei.

  „ **Nechlin.** S. 576. Sp. 17 statt 8 **11**.

  „ **Nedlitz.** S. 576. Sp. 19 statt 1000 **6000**.

  „ **Neef.** S. 576/7. Sp. 35 nachzutragen (u. **W**).

  „ **Neermoor.** S. 578/9. Sp. 26 statt Leer Neermoor.

Station **Neerßen-Neuwerk**. S. 578. Sp. 8 statt IV **V**, Sp. 13 einzutragen **1**, Sp. 17 statt 26 **23**.

„ **Neheim-Hüsten**. S. 578. Sp. 17 statt 20 **22**.

„ **Neiden***. S. 578/9. Sp. 1 statt Haltep. f. G. Haltest. f. P. u. G., nachzutragen Sp. 23 Leichen, Fahrzeuge u. Vieh. Sp. 35 Möckritz 3 km (L), Drögnitz 1 km (L).

„ **Neidenburg***. S. 578/9. Sp. 31 statt Allenstein Osterode i. Ostpr.

„ **Neidenburg*** (Stadtwald). S. 578/9. Sp. 31 statt Allenstein Osterode i. Ostpr.

„ **Neiße**. S. 578. Sp. 16 statt 51 **46**, Sp. 17 statt 60 **61**, Sp. 18 statt 1 **2**, Sp. 19 statt 3 **2** und zu streichen **1000**.

„ **Nekla***. S. 580/1. Sp. 35 zu streichen bei den Ortschaften Gut.

„ **Nennig**. S. 580/1. Sp. 23 einzutragen Fahrzeuge.

„ **Neuberun**. S. 582/3. Sp. 34 nachzutragen Dampfsägewerk.

„ **Neuekrug**. S. 582. Sp. 17 statt 6 **11**.

„ **Neuendorf i. Ostpr.***. S. 582. Sp. 1 statt 981 **980**.

„ **Neuendorf-Friedheim**. S. 582/3. Sp. 4 statt Danzig Allenstein, Sp. 5 statt Elbing II Allenstein I, Sp. 33 zu streichen R.

„ **Neuenhagen**. S. 584/5. Nachzutragen Sp. 14 **1**, Sp. 31 (Sitz in Berlin).

„ **Neufahrwasser**. S. 584/5. Sp. 6 einzutragen **1**; Sp. 17 statt 67 **72**, Sp. 33 statt R **HZ**; zu streichen Sp. 7 selbst. Gep.- u. Güter-Abf. **1**, Sp. 34 Danzig und nachzutragen Brauerei, Spritfabrik.

„ **Neu-Gattersleben**. S. 584/5. Sp. 30 statt Magdeburg Halberstadt, Sp. 34 zu streichen Spiritusbrennerei.

„ **Neugraben**. S. 584/5. Sp. 1 statt 460 **800**, Sp. 18 zu streichen **1**, Sp. 23 einzutragen Fahrzeuge, Sp. 26 statt Neugraben Fischbeck. Sp. 32 statt P **A**.

„ **Neuhaus a. Oste**. S. 584. Sp. 20 einzutragen **1**.

„ **Neuhausen b. Cottbus**. S. 586/7. Sp. 23 zu streichen Vieh.

„ **Neuhof b. Fulda**. S. 586/7. Sp. 26 statt Neuhof b. Fulda Opperz.

„ **Neuhof** (Kreis Teltow). S. 586/7. Sp. 23 nachzutragen Leichen, Fahrzeuge, Vieh, Wagenladungen.

„ **Neukirch i. Schl.**. S. 586/7. Sp. 30 einzutragen Breslau.

„ **Neukloster**. S. 586/7. Sp. 1 statt 350 **424**, Sp. 32 statt P **A**.

„ **Neumark-Bedra***. S. 588. Sp. 2 statt Halle a. S. Merseburg.

„ **Neumarkt i. Schl.**. S. 588/9. Sp. 30 einzutragen Breslau.

„ **Neumühl**. S. 588. Sp. 17 statt 13 **17**, Sp. 21 statt 2 **4**.

„ **Neumünster**. S. 588/9. Sp. 1 statt 17492 **19200**, Sp. 15 statt 21 **31**, Sp. 16 statt 35 **26**, Sp. 17 statt 149 **155**, Sp. 33 statt U S, Sp. 35 bei Tungendorf statt 4 km (L) **3 km (Ch)**, bei Wittorf statt 3 km (Ch) **4 km (L)**, bei Ehndorf statt 6 km **7 km**.

„ **Neunkirchen** (Bezirk Arnsberg). S. 590/1. Sp. 1 statt Bezirk Arnsberg (Sieg) einzutragen, Sp. 22 Bahnamtlich, Sp. 23 Fahrzeuge; Sp. 35 bei Wiederstein statt 8 km **5 km**.

„ **Neunkirchen** (Bezirk Trier). S. 590. Die Stationsbezeichnung ist in Neunkirchen (Saar) zu ändern.

„ **Neurode**. S. 590/1. Sp. 30 zu streichen Glatz.

„ **Neusalz a. O.**. S. 590/1. Sp. 16 statt 1 **4**, Sp. 34 nachzutragen Leimfabrik.

„ **Neuschottland**. S. 590/1. Sp. 1 nachzutragen (im Stadtbezirk Danzig belegen), Sp. 8 statt V **I**, zu streichen Sp. 32 **A**, Sp. 33 **R**.

„ **Neuß**. S. 590. Sp. 7 selbst. Gepäckabf. zu streichen **1**, Sp. 16 statt 27 **25**, Sp. 17 statt 181 **161**.

„ **Neustadt a. Dosse**. S. 590/1. Sp. 8 statt IV **V**, Sp. 19 statt 2000 **1250**, Sp. 35 statt Loegor Loegow.

„ **Neustadt i. Holstein**. S. 592/3. Nachzutragen Sp. 1 hinter dem Stationsnamen *, Sp. 21 **1**, Sp. 34 Zündholzfabrik, Sp. 1 statt 3789 **3804**, Sp. 15 statt 2 **1**.

Station **Neuſtadt a. Orla.** S. 592. Sp. 17 ſtatt 16 **23.**

„ **Neuſtadt a. Rübenberge.** S. 592. Sp. 1 ſtatt 2076 **2162,** Sp. 17 ſtatt 17 **18,** Sp. 20 zu ſtreichen **1,** Sp. 21 einzutragen **2.**

„ **Neuſtadt i. Weſtpr.** S. 592/3. Zu ſtreichen Sp. 10 **1,** Sp. 34 Stärke-; Sp. 33 ſtatt I **S.**

„ **Neuſtadt-Magdeburg.** S. 594/5. Nachzutragen Sp. 16 **3,** Sp. 23 Perſonen, Gepäck, Sp. 17 ſtatt 73 **69,** Sp. 21 ſtatt 10 **9.**

„ **Neuſtädtel*.** S. 594/5. Zu ſtreichen Sp. 10 **1,** Sp. 23 Sprengſtoffe, Sp. 30 einzutragen Liegnitz; Sp. 32 ſtatt P **A.**

„ **Neuſtettin*.** S. 594/5. Sp. 2 ſtatt Colberg **Ruhnow,** Sp. 35 ſtatt Galow **Gabow.**

„ **Neuſtettiner Kietz*.** S. 594. Sp. 2 ſtatt Colberg/Konitz **Neuſtettin/Belgard,** Sp. 5 zuzuſetzen **I.**

„ **Neuteich*.** S. 594/5. Sp. 17 ſtatt 9 **10,** Sp. 33 zu ſtreichen **R.**

„ **Neutomiſchel.** S. 594/5. Sp. 35 ſtatt Boren **Borni.**

„ **Neuwied.** S. 596. Sp. 16 ſtatt 2 **3,** Sp. 17 ſtatt 40 **57.**

„ **Neuwied-Weißenthurm** ſ. Weißenthurm.

„ **Neviges.** S. 596/7. Sp. 22 ſtatt Privatbeſtätterei **Bahnamtlich.**

„ **Nicolai.** S. 596. Sp. 7 ſelbſt. Fahrkarten-Ausgabeſt. zu ſtreichen **1,** Sp. 17 ſtatt 18 **19.**

„ **Niebüll.** S. 596/7. Sp. 35 ſtatt Klixbüll **Klirbüll.**

„ **Niederbeuna*.** S. 596/7. Sp. 1 ſtatt Halteſt. **Haltep.,** Sp. 2 ſtatt Halle a. S. **Merſeburg,** Sp. 23 zuzuſetzen Leichen, Vieh, Wagenladungen.

„ **Niederfiſchbach*.** S. 598/9. Sp. 23 einzutragen Sprengſtoffe.

„ **Niederhaspe*.** S. 600/1. Sp. 23 nachzutragen Sprengſtoffe.

„ **Nieder-Hermsdorf*.** S. 600. Sp. 5 zuzuſetzen **I.**

„ **Niederhövels.** S. 600/1. Sp. 17 ſtatt 8 **10,** Sp. 20 zu ſtreichen **1;** Sp. 21 ſtatt **3 2,** Sp. 23 ſtatt Stückgut Leichen, Fahrzeuge u. Vieh, Sp. 35 nachzutragen Eikhauſen 5 km, Katzwinkel 5 **km.**

„ **Niederlahnſtein.** S. 600/1. Sp. 5 ſtatt Limburg a. Lahn Wiesbaden II, Sp. 6 zu ſtreichen **1,** Sp. 17 ſtatt 1 **55,** Sp. 34 nachzutragen Dampfgetreidemühle.

„ **Niederpöllnitz.** S. 602. Sp. 18 zu ſtreichen **1.**

„ **Niedermendig*.** S. 602. Sp. 17 ſtatt 19 **20.**

„ **Niederſchmalkalden*.** S. 604/5. Sp. 2 ſtatt Eiſenach Wernshauſen, einzutragen Sp. 26 Niederſchmalkalden, Sp. 34 Kammgarnſpinnerei, Sp. 35 ſtatt Zwirk **Zwick,** in der Anmerkung † nachzutragen Weder mit einem Beamten noch mit einem Agenten beſetzt.

„ **Nieder-Walluf.** S. 604. Sp. 5 nachzutragen **I,** Sp. 17 ſtatt 1 **8.**

„ **Nienburg a. Weſer.** S. 606. Sp. 1 ſtatt 7059 **7808,** Sp. 16 ſtatt 2 **1,** Sp. 17 ſtatt 38 **26,** Sp. 19 nachzutragen **5000 kg.**

„ **Nierenhof.** S. 604. Sp. 17 einzutragen 6, Sp. 18 ſtatt 6 **1,** Sp. 19 zu ſtreichen **1.**

„ **Niesky.** S. 608/9. Sp. 17 ſtatt 9 **10,** Sp. 22 ſtatt Privatbeſtätterei **Bahnamtlich,** Sp. 35 ſtatt Dichſa **Diehſa.**

„ **Nieukerk.** S. 608/9. Sp. 1 ſtatt 2. Kl. **3. Kl.,** Sp. 19 einzutragen $\frac{1}{5000}\,\frac{}{\text{kg}}$, Sp. 35 zu ſtreichen Pouly 3 km (Ch).

„ **Nievern.** S. 608/9. Sp. 5 ſtatt Limburg a. Lahn Wiesbaden II, Sp. 17 ſtatt 1 **6,** Sp. 23 nachzutragen Leichen, Fahrzeuge u. Vieh.

„ **Nimkau.** S. 608/9. Sp. 30 einzutragen Breslau.

„ **Nippes (C.-W.).** S. 610. Sp. 1 nachzutragen hinter dem Stationsnamen mit einem Rangirbhf.

„ **Nittritz.** S. 610/1. Sp. 34 ſtatt Brennerei Brennereien und nachzutragen Deutſch-Wartenberg.

„ **Nitzow*.** S. 610/1. Sp. 23 nachzutragen Sprengſtoffe.

Station **Nitzwalde***. S. 610/1. Sp. 1 statt 300 **800**, Sp. 17 statt 3 **4**, Sp. 35 zu streichen die Angaben außer Engelsburg 4 km (L).

„ **Norddeich***. S. 612/3. Sp. 17 statt 8 **12**, Sp. 22 statt Privatbestätterei Güternebenstelle Insel Norderney.

„ **Norden***. S. 612/3. Nachzutragen Sp. 34 Seilereien, Sp. 35 Lütetsburg 3 km (Ch), Berno'er Fehn 15 km (W u. L).

„ **Nordhastedt***. S. 612/3. Sp. 23 zu streichen größere und nachzutragen Sprengstoffe.

„ **Nordhausen**. S. 612. Sp. 17 statt 178 **161**.

„ **Nordschleswigsche Weiche**. S. 612. Sp. 21 einzutragen **1**.

„ **Norkitten**. S. 614/5. Sp. 22 zu streichen Bahnamtlich.

„ **Northeim**. S. 614. Sp. 17 statt 84 **87**.

„ **Nortorf**. S. 614/5. Sp. 17 statt 10 **11**, zu streichen Sp. 19 $\frac{1}{3000}$ kg, Sp. 21 **1**, einzutragen Sp. 20 **1**, Sp. 23 Sprengstoffe.

„ **Nowawes-Neuendorf**. S. 614/5. Sp. 3 statt Potsdam Magdeburg, Sp. 26 statt Nowawes Neuendorf.

Station **Oberbeisheim**. S. 616/7. Sp. 1 statt 600 **350**, Sp. 27 statt Cassel Marburg, Sp. 31 statt Marburg Cassel II.

„ **Oberbrügge***. S. 616. Sp. 17 einzutragen **10**, Sp. 18 statt 10 **1**, Sp. 23 einzutragen Sprengstoffe.

„ **Obercassel*** (Düsseldorf). S. 616. Sp. 10 einzutragen **1**.

„ **Obercassel b. Bonn**. S. 616. Sp. 16 statt 2 **1**.

„ **Oberhausen** (C.=M.). S. 618. Sp. 14 statt 2 **4**, Sp. 15 statt 32 **35**, Sp. 17 statt 244 **233**, Sp. 19 statt 3 **4**
1
15000
2500
2
5000
kg, Sp. 21 statt 15 **17**.

„ **Oberhausen** (Rh.). S. 618/9. Die Station nebst allen Angaben ist zu streichen.

„ **Oberhof**. S. 618/9. Sp. 32 nachzutragen (im Dorfe Oberhof).

„ **Ober-Jersdal**. S. 618/9. Sp. 23 nachzutragen Sprengstoffe.

„ **Oberlahnstein**. S. 618. Sp. 5 nachzutragen II, Sp. 13 statt 1 **2**, Sp. 14 statt 1 **2**, Sp. 15 statt 1 **34**, Sp. 17 statt 1 **127**, Sp. 20 statt 1 **3**.

„ **Ober-Langenbielau***. S. 620. Sp. 15 statt 2 **1**.

„ **Oberndorf***. S. 620/1. Sp. 23 einzutragen Sprengstoffe.

„ **Oberneisen***. S. 620. Sp. 17 statt 1 **7**.

„ **Oberneuland**. S. 620/1. Sp. 1 zu streichen die in Klammern gesetzte Angabe, statt 2500 **2120**, nachzutragen Sp. 26 Bockwinkel, Sp. 32 P.

„ **Obernigk**. S. 620/1. Sp. 22 zu streichen Privatbestätterei, Sp. 35 statt Heidewilten 4 km (L) Heidewitzen 4 km (Ch).

„ **Oberröblingen a. d. Helme**. S. 622/3. Nachzutragen Sp. 34 Malzfabrik, Sp. 35 Niederröblingen 4 km (Ch).

„ **Oberröblingen am See**. S. 622/3. Sp. 1 statt 1500 **1800**, Sp. 17 statt 63 **51**, Sp. 34 statt Paraffingießerei Paraffinkerzengießerei.

„ **Oberstein**. S. 622. Sp. 17 statt 12 **11**.

„ **Oberursel**. S. 624/5. Sp. 34 nachzutragen Filzfabrik.

„ **Obervogelsang**. S. 624/5. Sp. 23 nachzutragen Sprengstoffe.

„ **Oberwesel**. S. 624. Sp. 17 statt 8 **10**.

„ **Odenkirchen***. S. 626. Sp. 20 einzutragen **1**.

Station **Oebisfelde**. S. 626. Sp. 10 statt 5 **3**.

   " **Oehna**. S. 626/7. Nachzutragen Sp. 23 Fahrzeuge, Sp. 30 Halle a. S.

   " **Oesede**. S. 628. Sp. 21 zu streichen **1**.

   " **Oestrich-Winkel**. S. 628. Sp. 5 nachzutragen **II**, Sp. 17 statt 1 **9**.

   " **Oeventrop**. S. 628/9. Nachzutragen Sp. 21 (1 auf freier Strecke), Sp. 23 Sprengstoffe.

   " **Oeynhausen** (Nord). S. 628. Sp. 10 einzutragen **1**.

   " **Offenbach a. M.** (neu). S. 630. Sp. 15 statt 6 **7**, Sp. 19 statt 1 **3**, nachzutragen $\frac{1}{2000}$ kg.

   " **Ohlau**. S. 630/1. Sp. 35 bei Jätzdorf statt L (Ch).

   " **Ohligs**. S. 630. Sp. 16 statt 11 **13**.

   " **Ohrdruf***. S. 630/1. Sp. 33 einzutragen S.

   " **Ohrstedt**. S. 630/1. Sp. 23 nachzutragen Sprengstoffe.

   " **Oker**. S. 630/1. Sp. 8 statt III **V**, Sp. 34 nachzutragen Ultramarinfabrik.

   " **Olbersleben***. S. 630/1. Sp. 1 statt 700 **900**, Sp. 32 statt P **A**.

   " **Oldenbüttel**. S. 632. Sp. 1 statt 247 **258**, Sp. 10 einzutragen **1**.

   " **Oldenburg** (Holstein). S. 632/3. Nachzutragen Sp. 1 hinter dem Stationsnamen *, Sp. 23 Sprengstoffe, Sp. 34 Dampfmühle, Getreidegeschäft, Sp. 10 zu streichen **1**.

   " **Oldersum**. S. 632/3. Nachzutragen Sp. 32 P, Sp. 33 Dampfsägewerk, Ziegeleien, Sp. 35 Ochtelbur 8 **km** (Ch).

   " **Oldesloe**. S. 632/3. Sp. 33 einzutragen S.

   " **Oliva**. S. 632/3. Sp. 33 zu streichen R.

   " **Olsberg**. S. 634/5. Nachzutragen Sp. 34 Zinkbergwerke, Dampfsägewerke, Sp. 35 Wulmeringhausen 5 **km** (Ch).

   " **Opalenitza**. S. 634. Sp. 15 einzutragen **1**.

   " **Opladen**. S. 634/5. Sp. 13 statt 2 **1**, Sp. 16 statt 10 **13**, Sp. 17 statt 88 **68**, Sp. 18 statt 2 **1**, Sp. 21 statt 1 **2**, Sp. 35 nachzutragen Neukirchen 2 km. Lützenkirchen 4 km, Rheindorf 7 km, Reusrath 3 km. Quettingen 3 km, Hildorf 9 km.

   " **Oppeln**. S. 634/5. Sp. 23 nachzutragen Privatbestätterei.

   " **Oppum**. S. 634/5. Sp. 7 zu streichen **1**, Sp. 34 einzutragen Dampfziegeleien. Sp. 35 zu streichen Bösinghofen 3 km (L).

   " **Oppurg**. S. 636/7. Sp. 1 nachzutragen †) mit der Anmerkung †) Mitbenutzt von der Saal-Eisenbahn, Sp. 17 statt 6 **9**, einzutragen Sp. 21 **1**, Sp. 26 Oppurg.

   " **Ortelsburg***. S. 636/7. Sp. 17 statt 15 **16**, Sp. 33 statt R **U**.

   " **Ortrand**. S. 636/7. Sp. 1 statt 1468 **1502**, Sp. 23 einzutragen Sprengstoffe, Sp. 35 statt Blockwitz Blochwitz.

   " **Orzechowo**. S. 636. Sp. 17 statt 5 **7**.

   " **Orzesche**. S. 636. Sp. 1 statt 3. Kl. 2. Kl.

   " **Orzescher-Chaussee**. S. 636. Sp. 1 nachzutragen hinter dem Stationsnamen *.

   " **Oslebshausen**. S. 638. Sp. 1 statt 839 **898**.

   " **Osnabrück** (Bremer Bhf.). S. 638. Sp. 17 statt 116 **102**.

   " **Osnabrück** (Hannoverscher Bhf.). S. 638. Sp. 16 statt 21 **20**, Sp. 17 statt 96 **61**.

   " **Osseg***. S. 638/9. Nachzutragen Sp. 21 **1**, Sp. 34 Kieslager.

   " **Oßmannstedt**. S. 638/9. Sp. 1 statt Bhf. 3. Kl. Haltest f. P. u. G. und statt 666 **680**, Sp. 23 nachzutragen Leichen.

   " **Ostaszewo***. S. 640. Sp. 1 statt 180 **452**, Sp. 17 statt 8 **7**.

   " **Osterath**. S. 640/1. Sp. 35 bei Fischeln statt (L) (Ch).

Station **Osterburg**. S. 640. Sp. 17 statt 13 **28**, Sp. 20 einzutragen **1**.

„ **Osterfeld** (C.-M.) S. 640/1. Sp. 2 statt Oberhausen | Dorsten Wanne | Sterkrade, Sp. 17 statt 150 **154**, Sp. 25 statt Osnabrück **Wittlage**.

„ **Osterhof***. S. 640. Sp. 17 einzutragen **2**, Sp. 18 zu streichen **2**.

„ **Osterholz-Scharmbeck**. S. 642. Sp. 1 statt 1767 **1776**, Sp. 17 statt 16 **14**.

„ **Osterholz b. Stadthagen**. S. 642. Sp. 17 statt 35 **33**.

„ **Osterode i. Ostpr.** S. 642/3. Sp. 1 statt 7000 **9410**, Sp. 4 statt Thorn **Allenstein**, Sp. 5 statt Osterode i. Ostpr. **Allenstein II**, Sp. 8 statt III **II**, Sp. 15 statt 29 **32**, Sp. 16 statt 35 **38**, Sp. 17 statt 63 **47**; zu streichen Sp. 19 Wandkrähue, Sp. 35 hinter Liebemühl (Stadt); Sp. 33 statt H S **H Z**, Sp. 35 zuzusetzen Collishof 2 km (Ch), Frögenau 25 km (Ch), Gr. Schmückwalde 10 km (Ch).

„ **Osterode a. Harz**. S. 642. Sp. 17 statt 19 **28**.

„ **Osterspai**. S. 642. Sp. 5 zuzusetzen **II**, Sp. 17 statt 1 **7**.

„ **Ostönnen**. S. 644/5. Sp. 23 einzutragen Sprengstoffe, Sp. 25 statt Schwerte **Schwefe**.

„ **Ostrowitt**. S. 644/5. Sp. 1 statt 260 **400**, Sp. 17 statt 5 **7**; Sp. 35 zu streichen Rehwalde 2 km (Ch), Gorall 3 km (L), Gr. Plowenz 7 km (L), statt Lonforsz **Lonforreck**, zuzusetzen Petersdorf 8 km (L).

„ **Oswitz**. S. 644/5. Sp. 22 zu streichen Privatbestätterei.

„ **Ostmarschen**. S. 646/7. Sp. 1 statt (zur Stadtgemeinde Altona gehörig) (Bahnhof liegt im Gemeindebezirk Gr.-Flottbek), Sp. 8 statt A III, Sp. 25 statt Altona **Pinneberg**, Sp. 26 u. 28 statt Altona **Blankenese**, Sp. 29 zu streichen u. A., zuzusetzen A Blankenese, Sp. 30 zu streichen Altona, Sp. 35 statt Gr.-Flottbeck und Kl.-Flottbeck **Gr.-Flottbek und Kl.-Flottbek**.

„ **Otterndorf**. S. 646. Sp. 1 statt 1812 **4275**, Sp. 5 statt I **II**.

„ **Ottersberg**. S. 646. Sp. 1 statt 1296 **1280**.

„ **Ottlotschin**. S. 646/7. Sp. 1 statt 63 **82**, Sp. 33 einzutragen I.

„ **Ottmuthweiche**. S. 646/7. Sp. 8 einzutragen V, Sp. 23 zuzusetzen u. Sprengstoffe, Sp. 23 zu streichen Oppeln.

„ **Ottweiler**. S. 648/9. Sp. 17 statt 16 **18**, Sp. 22 einzutragen Bahnamtlich.

„ **Overath***. S. 648/9. Einzutragen Sp. 13 1, Sp. 23 Fahrzeuge.

„ **Owschlag**. S. 648/9. Sp. 18 statt 2 **1**, Sp. 23 zuzusetzen u. Sprengstoffe.

Station **Pakosch***. S. 650/1. Sp. 35 zuzusetzen Leuthen 3 km (L).

„ **Pakuswitz***. S. 650/1. Sp. 22 zu streichen Privatbestätterei, Sp. 23 einzutragen Sprengstoffe.

„ **Pallien***. S. 650. Zuzusetzen Sp. 1 hinter Pallien †) mit der Anmerkung †) Fahrkartenverkauf durch den Zugführer, Sp. 2 statt Ehrang **Ehrang-Trier l. M.**

„ **Palzem**. S. 650. Sp. 2 statt Karthaus | Perl Coblenz | Metz.

„ **Papau**. S. 652. Sp. 1 statt 165 **786**.

„ **Papenburg**. S. 652/3. Sp. 17 statt 77 **69**; zuzusetzen Sp. 34 Glashütte, chemische Fabrik, Oelmühle, Sp. 35 Oberende 4 km (L).

„ **Parchen**. S. 652/3. Die Station ist in Berzzow-Parchen abzuändern, mithin an dieser Stelle zu streichen, und nebst sämmtlichen Angaben hinter Bergwitz (S. 54/5) einzuschalten.

„ **Parlowkrug***. S. 654/5. Sp. 1 zu streichen ( ), zuzusetzen 5 E., Sp. 2 statt Wietstock **Alt-Damm**, einzutragen Sp. 17 4, Sp. 18 1, Sp. 30 Stettin, Sp. 32 P.

„ **Pasewalk**. S. 654. Einzutragen Sp. 6 1, Sp. 7 (selbst. Güterabfertigungsst.) 1; Sp. 16 statt 22 **25**.

„ **Passenheim***. S. 654/5. Sp. 33 zu streichen R.

„ **Patschin**. S. 654/5. Sp. 23 einzutragen Fahrzeuge u. Sprengstoffe.

Station **Pattburg.** S. 654/5. Sp. 23 zuzusetzen u. Sprengstoffe.

„ **Pattscheid*.** S. 656/7. Sp. 23 einzutragen Sprengstoffe.

„ **Patzetz.** S. 656/7. Sp. 35 bei Gr.-Rosenburg, Breitenhagen, Sachsendorf und Trebnitz statt (Ch) (L) zu setzen.

„ **Paulinenaue.** S. 656/7. Sp. 2 statt Hamburg Wittenberge, Sp. 35 statt Sanzke Senzke.

„ **Peddenberg.** S. 656/7. Sp. 35 nachzutragen Lühlerheim 5 km.

„ **Pegau.** S. 656/7. Sp. 17 statt 17 **22**, Sp. 33 einzutragen U.

„ **Peine.** S. 656. Sp. 21 statt 5 **3**.

„ **Peiskretscham.** S. 656/7. Sp. 26 einzutragen Peiskretscham.

„ **Peissen.** S. 658. Nachzutragen Sp. 1 hinter Haltep. f. P. u. G. †) und als Anmerkung †) Nur für Eilgut; Sp. 7 (selbst. Fahrkartenausgabest.) zu streichen **1**.

„ **Peitz-Forsthaus.** S. 658. Sp. 1 statt Bhf. 3. Kl. Haltest. f. P. u. G.

„ **Pelplin.** S. 658/9. Sp. 17 statt 10 **12**, Sp. 35 zu streichen Alt-Janischau 4 km (L) und Klonowken 5 km (L).

„ **Pempowo*.** S. 658. Sp. 1 statt Haltest. f. P. u. G. Bhf. 3. Kl.

„ **Peeskowo.** S. 658/9. Sp. 23 zu streichen Eil- u. Stückgut, nachzutragen u. Sprengstoffe.

„ **Perl.** S. 658/9. Sp. 2 statt Karthaus | Diedenhofen Coblenz | Metz, Sp. 23 einzutragen Fahrzeuge, Sp. 35 statt Thiesdorf Tünsdorf.

„ **Pfalzdorf.** S. 660/1. Sp. 35 zu streichen Asperden 4 km (Ch).

„ **Philippsheim.** S. 660. Sp. 10 einzutragen **1**.

„ **Pinne*.** S. 662. Sp. 16 statt 4 **5**, Sp. 19 einzutragen $\frac{1}{5000}$ kg.

„ **Pinneberg.** S. 662/3. Sp. 17 statt 22 **20**, Sp. 23 einzutragen Sprengstoffe; nachzutragen Sp. 34 Leimfabrik, Sp. 35 Kummerfeld 5 km (Ch), Pinnebergerdorf 1 km (Ch).

„ **Pitschen.** S. 662/3. Sp. 22 statt Privatbestätterei Bahnamtlich.

„ **Plagwitz-Lindenau.** S. 662. Sp. 17 statt 20 **23**.

„ **Pleiskehammer.** S. 664/5. Sp. 34 nachzutragen Stärkefabrik in Kurtschow.

„ **Plettenberg.** S. 664/5. Einzutragen Sp. 18 **1**, Sp. 23 Sprengstoffe.

„ **Plietnitz*.** S. 664. Sp. 1 statt 130 **460**.

„ **Plön.** S. 666/7. Sp. 1 statt 3211 **3229**, Sp. 23 einzutragen Sprengstoffe, Sp. 33 statt U S, nachzutragen Sp. 34 Wagenfabrik, Fischereibetrieb, Holzpantoffelfabrik, Sp. 35 Kossau 6 km (L), Bosau 12 km (L), statt Segetasch Wegetasch.

„ **Pluwig*.** S. 666/7. Nachzutragen Sp. 2 bei Trier r. M., Sp. 25 (Land); Sp. 12 einzutragen **1**.

„ **Pöpelwitz** (Weiche). S. 666. Sp. 1 statt Haltest. f. G. Für den öffentlichen Verkehr ganz ausgeschlossen, Sp. 17 statt 10 **12**.

„ **Pöpelwitz** (Wasserumschlagstelle). S. 666/7. Sp. 23 nachzutragen sowie für Güter vom Schiff zur Eisenbahn.

„ **Pößneck.** S. 668. Sp. 2 statt Saalfeld Propstzella, Sp. 17 statt 36 **34**, Sp. 18 statt 2 **1**.

„ **Pogegen.** S. 668/9. Sp. 17 statt 9 **8**, Sp. 19 statt 2 **1** und zu streichen **1250**, Sp. 35 hinter Langszargen nachzutragen **20 km** und zu streichen (Rußland).

„ **Polnisch-Nettkow.** S. 668/9. Sp. 1 statt Haltep. f. G. Haltep. f. P. u. G., Sp. 23 statt Eilgut Wagenladungen.

„ **Porta.** S. 670. Sp. 10 einzutragen 1, Sp. 17 statt 48 **34**.

„ **Poremba.** S. 670/1. Sp. 1 statt Haltest. f. G. Haltest. f. P. u. G., Sp. 4 statt Ratibor Kattowitz; einzutragen Sp. 21 **1**, Sp. 22 Privatbestätterei, Sp. 23 Wagenladungen, Leichen, Fahrzeuge u. Vieh, Sp. 34 Steinkohlengrube, Koksanstalt u. chemische Fabriken, Sp. 35 Colonie Zaborze B 1 km (Ch), Zaborze C 2 km (Ch), Ruda-Poremba 1 km (Ch).

Station **Poſen** (Centralbahnhof). S. 670. Sp. 2 einzutragen Breslau | Stargard.

„ **Poſen ††)** Bhf. 1. Kl. S. 670. Sp. 15 einzutragen 20.

„ **Potsdam.** S. 672/3. Sp. 14 ſtatt 2 **3.** Sp. 15 ſtatt 13 **20,** Sp. 16 ſtatt 18 **13,** Sp. 17 ſtatt 96 **98**; Sp. 35 hinter Nowawes einzuſchalten **2 km (Ch).**

„ **Präſident.** S. 672/3. Sp. 2 ſtatt Bochum | Gelſenkirchen Hochfeld | Dortmund, Sp. 8 ſtatt II **I,** Sp. 17 ſtatt 28 **34,** Sp. 27 ſtatt Eſſen Bochum, Sp. 29 ſtatt Eſſen u.

„ **Pratau.** S. 672/3. Sp. 30 einzutragen Halle a. S., Sp. 31 ſtatt Wittenberg Bitterfeld, Sp. 35 ſtatt Mochsdorf Wachsdorf.

„ **Prauſt.** S. 672/3. Sp. 17 ſtatt 34 **33**; zu ſtreichen Sp. 20 **1,** Sp. 33 **R.**

„ **Preetz.** S. 672/3. Sp. 21 ſtatt 2 **4,** Sp. 23 einzutragen Sprengſtoffe, Sp. 34 zuzuſetzen Holz-ſchneidefabrik, Brauerei, Dampfmühle, Dampfſpinnerei.

„ **Preiswitz*** (Haltep. f. P.). S. 672. Sp. 1 hinter Preiswitz zuzuſetzen (Dorf).

„ **Prenzlauer Allee.** S. 674. Sp. 1 ſtatt Halteſt. f. P. Bhf. 3. Kl.

„ **Pretzſch*.** S. 674/5. Sp. 22 zu ſtreichen u. Privatbeſtätterei und zuzuſetzen Güternebenſtelle Schmiedeberg (6 km).

„ **Pr.-Holland*.** S. 674/5. Sp. 4 ſtatt Danzig Allenſtein, Sp. 5 ſtatt Elbing II Allenſtein I, Sp. 13 einzutragen **1,** Sp. 33 ſtatt R **U.**

„ **Pr.-Stargard.** S. 674. Sp. 13 ſtatt 1 **2.**

„ **Prinz von Preußen.** S. 676. Sp. 1 zu ſtreichen (Gemeindebezirk Bochum).

„ **Pritzier.** S. 676/7. Sp. 23 einzutragen Sprengſtoffe.

„ **Pritzwalk*.** S. 676. Sp. 2 ſtatt Güſtrow Meyenburg.

„ **Probſtzella.** S. 676. Sp. 16 einzutragen **1,** Sp. 17 ſtatt 43 **48,** Sp. 18 ſtatt 2 **1.**

„ **Prödel.** S. 676/7. Sp. 26 ſtatt Jerichow I Leitzkau.

„ **Prökuls.** S. 678. Sp. 10 zu ſtreichen **1,** Sp. 17 ſtatt 9 **8.**

„ **Pronitten*.** S. 678/9. Sp. 1 ſtatt 350 **377,** Sp. 35 einzutragen Lablacken 4 km **(L).**

„ **Pronsfeld*.** S. 678. Sp. 2 ſtatt Prüm Lommersweiler.

„ **Prühlitz.** S. 678/9. Sp. 29 ſtatt Wittenberg Zörnigall.

„ **Pudewitz.** S. 680/1. Sp. 19 ſtatt $\frac{1}{1000}\ \frac{2}{5000}$, Sp. 35 ſtatt Zaberzewo Zakerzewo, ſtatt Sednagora Sednagora. $\frac{kg\ 1000}{kg}$

„ **Pünderich.** S. 680. Sp. 1 ſtatt 680 **860,** Sp. 17 ſtatt 9 **7.**

„ **Püttlingen Grube.** S. 680. Sp. 17 ſtatt 19 **18.**

„ **Punitz*.** S. 680/1. Einzutragen Sp. 21 **1,** Sp. 26 Punitz, Sp. 22 zu ſtreichen Bahnamtlich.

„ **Puſchkowa*.** S. 680/1. Zu ſtreichen Sp. 10 **1,** Sp. 22 Privatbeſtätterei; Sp. 23 nachzutragen u. Sprengſtoffe.

„ **(Lügde).** S. 682/3. Die Station iſt nebſt ſämmtlichen Angaben an dieſer Stelle zu ſtreichen.

Station **Quäsdow*.** S. 684/5. Sp. 23 vor Fahrzeuge zu ſetzen ſchwere.

„ **Quakenbrück.** S. 684/5. Nachzutragen Sp. 34 Bürſten- u. Pinſelfabriken, Wollgarnſpinnerei Sp. 35 Dinklage 11 km **(Ch),** Gr.-Mimmelage 5 km **(Ch).**

„ **Quaritz.** S. 684/5. Zu ſtreichen Sp. 34 Flachs- u. Jutegarnſpinnerei in Suckau, Sp. 35 Suckau 15 km **(Ch).**

„ **Quint (Quinter Hütte).** S. 684/5. Sp. 23 zu ſtreichen Fahrzeuge.

Station **Rachelshof*.** S. 686/7. Sp. 31 ſtatt Marienburg i. Weſtpr. Graudenz.

„ **Rackith*.** S. 686/7. Sp. 23 einzutragen Fahrzeuge.

„ **Rackwitz.** S. 686/7. Sp. 23 einzutragen Sprengſtoffe.

Station **Radbruch.** S. 686/7. Sp. 1 statt 356 500, Sp. 23 einzutragen Fahrzeuge, Sp. 35 statt Bandorf Handorf.

„ **Radevormwald*.** S. 686/7. Sp. 2 statt Lennep Krebsöge, Sp. 16 statt 4 3; einzutragen Sp. 23 Sprengstoffe, Sp. 35 Finkensiepen 7 km (L), Borbach 8 km (L), Borbeck 7 km (L), Fulda 7 km (L), Freudenberg 7 km (Ch), Herbeck 4 km (Ch), Neuenhaus 7 km (L).

„ **Radis.** S. 686/7. Sp. 23 nachzutragen Fahrzeuge.

„ **Radlin.** S. 686/7. Sp. 35 zuzusetzen Konty 1 km (L).

„ **Radosk*.** S. 686/7. Sp. 1 statt 545 574, Sp. 17 statt 5 6, Sp. 22 zu streichen Güternebenstelle Gorzno (7 km).

„ **Radzionkau.** S. 688/9. Sp. 5 statt I III, Sp. 23 zuzusetzen Sprengstoffe.

„ **Rädnitz.** S. 688. Sp. 1 statt 1057 1175.

„ **Raguhn.** S. 688/9. Sp. 35 hinter Retzau statt 7 5.

„ **Raisdorf.** S. 688/9. Sp. 1 statt 464 471; nachzutragen Sp. 23 u. Sprengstoffe, Sp. 34 Dampf-mühle zu Oppendorf, Sp. 35 Oppendorf 7 km (L), Schönhorst 7 km (L), Wilden-horst 7 km (L), Hoheneichen 7 km (L).

„ **Rambin*.** S. 690. Sp. 1 hinter Rambin zuzusetzen (Rügen).

„ **Raschwitz*.** S. 690/1. Sp. 5 zuzusetzen I, Sp. 34 nachzutragen Kieslager.

„ **Rathenow.** S. 690/1. Sp. 11 einzutragen 1, Sp. 17 statt 21 24, Sp. 34 nachzutragen optische Fabriken.

„ **Ratibor.** S. 692. Sp. 21 statt 2 3.

„ **Ratingen (Rh.).** S. 692. Sp. 17 statt 13 14.

„ **Ratingen (Dir.-Bez. Elberfeld).** S. 692. Sp. 20 einzutragen 1, Sp. 21 statt 1 2.

„ **Raubach*.** S. 692. Sp. 17 statt 4 8.

„ **Raudnitz.** S. 692/3. Sp. 1 statt 200 250, Sp. 17 statt 4 6, Sp. 35 nachzutragen Freudenau 3 km (Ch), Kalittken 7 km (L).

„ **Raumland-Berleburg*.** S. 694/5. Sp. 23 einzutragen Sprengstoffe.

„ **Rawitsch.** S. 694/5. Sp. 13 statt 1 2, Sp. 35 hinter Görchen statt 11 6.

„ **Recklinghausen.** S. 694/5. Sp. 17 statt 34 33, Sp. 27 und 29 statt Münster i. W. Bochum, Sp. 34 zuzusetzen Möbelfabrik.

„ **Reden.** S. 694. Sp. 17 statt 33 31.

„ **Rehfelde.** S. 694/5. Sp. 31 zuzusetzen (Sitz in Berlin).

„ **Rehhof*.** S. 694/5. Sp. 1 statt 320 380, Sp. 35 hinter Zieglershuben statt 5 3.

„ **Reichensachsen.** S. 696/7. Sp. 1 statt 900 1676, Sp. 31 zuzusetzen II.

„ **Reinbek.** S. 696/7. Sp. 23 vor Fahrzeuge zu setzen schwerwiegende u., nachzutragen sowie Sprengstoffe.

„ **Reinsbüttel*.** S. 696/7. Sp. 23 nachzutragen u. Sprengstoffe.

„ **Reinsdorf b. Artern.** S. 698/9. Sp. 1 statt Bhf. 3. Kl. Haltest. f. P. u. G., Sp. 23 nachzutragen u. Fahrzeuge.

„ **Reinsfeld*.** S. 698/9. Sp. 2 hinter Trier zuzusetzen r. M.; einzutragen Sp. 18 1, Sp. 23 Fahr-zeuge, Sp. 35 statt Pölert Polert.

„ **Reisen.** S. 698/9. Sp. 10 statt 2 1, Sp. 22 zu streichen Privatbestätterei.

„ **Reischt.** S. 698/9. Sp. 30 einzutragen Liegnitz.

„ **Remlingrade*.** S. 700/1. Sp. 23 einzutragen Gepäck und Sprengstoffe.

„ **Remscheid.** S. 700/1. Sp. 21 statt 3 6, Sp. 31 statt Gräfrath Lennep.

„ **Remscheid-Hasten*.** S. 700/1. Sp. 31 statt Gräfrath Lennep.

„ **Remscheid-Stachelhausen*.** S. 700/1. Sp. 23 nachzutragen u. Sprengstoffe, Sp. 31 statt Gräfrath Lennep.

Station **Remscheid-Vieringhausen***. S. 700/1. Sp. 31 statt Gräfrath Lennep, Sp. 35 statt Renis-hagen Reinshagen.

„ **Rendsburg.** S. 700/1. Sp. 33 statt U S.

„ **Reppen.** S. 700/1. Sp. 26 einzutragen Reppen, Sp. 28 statt Frankfurt a. O. Reppen, Sp. 29 statt St. u. A. Frankfurt a. O. St. Frankfurt a. O. A. Reppen, Sp. 34 nachzutragen Brennerei.

„ **Reußen.** S. 702. Sp. 7 (selbst. Fahrkartenausgabest.) zu streichen 1.

„ **Rheda i. Westf.** S. 702/3. Sp. 17 statt 43 **26**, Sp. 35 zu streichen Wiedenbrück 4 km (Ch).

„ **Rheinbach.** S. 704. Sp. 19 einzutragen $\frac{1}{5000}$ kg

„ **Rheindahlen.** S. 704. Sp. 10 einzutragen 1, Sp. 17 statt 8 **7**.

„ **Rheine.** S. 704. Sp. 17 statt 73 **72**, Sp. 19 statt

$$\frac{3}{2}\quad\frac{3}{5000} \atop \frac{5000}{1}\quad\frac{2750}{2000} \atop \frac{2500}{\text{kg}}\quad\text{kg}$$

„ **Rheinhausen.** S. 704/5. Sp. 17 statt 14 **12**, Sp. 34 einzutragen Dampfbrauerei.

„ **Rhens.** S. 704. Sp. 17 statt 4 **6**.

„ **Rheydt (Geneiken).** S. 704. Sp. 20 einzutragen 1.

„ **Richterich.** S. 706. Nachzutragen Sp. 1 hinter Bhf. 3. Kl. †) mit der Anmerkung †) Nur für den Personenverkehr.

„ **Rickling i. Holstein.** S. 706/7. Sp. 34 einzutragen Genossenschafts-Meierei, Arbeiter-Kolonie.

„ **Riemke.** S. 706/7. Sp. 8 statt IV V, Sp. 13 statt 2 1, Sp. 17 statt 51 **47**, Sp. 20 einzutragen 1, Sp. 21 statt 9 **10**, Sp. 27 statt Essen Bochum, Sp. 29 statt Essen u.

„ **Riethagen.** S. 708. Sp. 1 statt 208 **230**, Sp. 17 statt 7 **9**.

„ **Rietschen.** S. 708. Sp. 17 statt 10 **12**.

„ **Ringleben-Gebesee.** S. 708. Sp. 1 statt 2600 **750**.

„ **Rinteln.** S. 708. Sp. 17 statt 12 **13**.

„ **Rissen***. S. 708/9. Sp. 23 zu streichen größere, zuzusetzen u. Sprengstoffe.

„ **Ritschenhausen.** S. 710/1. Sp. 16 zu streichen 1, Sp. 23 einzutragen Sprengstoffe.

„ **Rittel.** S. 710. Einzutragen Sp. 20 1, Sp. 21 1.

„ **Ritterhude.** S. 710. Sp. 1 statt 1840 **1932**.

„ **Roda***. S. 710/1. Sp. 34 einzutragen Siedrolith- u. Therolithfabrik, Holzdreherei, Thermometer-fabrik, Ziegelei.

„ **Rodebachsmühle***. S. 710. Sp. 1 zu streichen ( ) u. statt Haltest. Haltep.

„ **Röhrchen***. S. 710. Sp. 1 statt 421 **700**; einzutragen Sp. 8 V, Sp. 30 Stettin, Sp. 25, 28 und 29 statt Greifenhagen Naugard, Sp. 31 statt Stargard i. Pom. Naugard, Sp. 27 und 29 statt der Abänderung S. 966 Stargard i. Pom. wieder zu setzen Stettin.

„ **Röhrfeld***. S. 712. Sp. 21 einzutragen 1.

„ **Rösrath***. S. 712/3. Sp. 20 einzutragen 1, Sp. 23 vor Leichen zu setzen Sprengstoffe.

„ **Rogäsch.** S. 712/3. Sp. 34 nachzutragen Stärkefabrik.

„ **Rogasen***. S. 712. Sp. 13 statt 1 2.

„ **Rogau***. S. 712/3. Einzutragen Sp. 21 1, Sp. 23 Sprengstoffe, Sp. 22 Privatbestätterei.

„ **Rohnstadt***. S. 714. Sp. 17 statt 1 2.

„ **Rohr.** S. 714/5. Sp. 1 statt Bhf. 3. Kl. Haltest. f. P. u. G. und statt 1027 **968**, Sp. 35 zu streichen Benshausen 13 km (Ch) und bei Dillstädt statt L (Ch), bei Marisfeld statt (Ch) (L).

„ **Rohrkarr.** S. 714. Sp. 1 hinter Rohrkarr zuzusetzen *.

„ **Rohrsen.** S. 714. Sp. 1 statt 207 **204**, Sp. 21 einzutragen 1.

Station **Rolfshagen**. S. 716/7. Sp. 23 statt größere schwerwiegende u. zuzusetzen u. Sprengstoffe.

„ **Rombschin***. S. 716/7. Sp. 31 statt Posen Gnesen.

„ **Ronheide**. S. 716. Nachzutragen Sp. 1 hinter Bhf. 3. Kl. †) mit der Anmerkung †) Nur für den Personenverkehr.

„ **Ronsdorf**. S. 718. Sp. 17 statt 24 26.

„ **Rosdzin*** (**Paulshütte**). S. 718/9. Sp. 5 statt I III, Sp. 22 einzutragen Bahnamtlich.

„ **Rosen***. S. 718. Nachzutragen Sp. 1 hinter Rosen †) und als Anmerkung †) Fahrkartenverkauf durch den Zugführer.

„ **Rosenau i. Schl.***. S. 718/9. Sp. 1 statt 2836 2920, Sp. 25 u. 28 statt Schönau Hirschberg; einzutragen Sp. 21 1, Sp. 32 P, Sp. 34 Cellulose- u. Seifenfabrik, Sp. 35 Hirschberg 2 km (L).

„ **Rosenthal i. Schl.***. S. 718/9. Sp. 23 zu streichen Eilgut.

„ **Roßla a. Harz**. S. 720. Sp. 10 zu streichen 1.

„ **Roßlau**. S. 720/1. Einzutragen Sp. 6 1, Sp. 22 Bahnamtlich.

„ **Roßleben***. S. 720/1. Sp. 17 statt 20 16, Sp. 34 zuzusetzen Holzindustrie, Molkerei.

„ **Rotenburg a. Fulda**. S. 720/1. Sp. 33 einzutragen S.

„ **Rotenburg i. Hannover**. S. 720/1. Sp. 13 statt 1 2, Sp. 21 zuzusetzen (Schmalspurbahn), Sp. 33 statt I U, Sp. 35 statt Enterstedt Unterstedt.

„ **Rothenburg a. D.** S. 722/3. Sp. 21 einzutragen 1, Sp. 34 nachzutragen Schneidemühle Stärkefabrik.

„ **Rothenstein i. Ostpr.***. S. 722/3. Sp. 1 statt 130 150, Sp. 21 einzutragen 1, Sp. 34 statt Dampfziegelwerk Dampfziegelei, Sp. 35 hinter Quedenau zu streichen, fort,.

„ **Rothfließ**. S. 722. Sp. 2 statt Königsberg i. Pr. Korschen.

„ **Rothsürben**. S. 722. Sp. 17 statt 11 17.

„ **Rottleberode**. S. 722. Die Angaben in Sp. 1 sind zu streichen.

„ **Rozniaty***. S. 722/3. Sp. 23 einzutragen Fahrzeuge.

„ **Rudzianny***. S. 724. Sp. 17 statt 9 13, Sp. 18 statt 1 2.

„ **Rückenwaldau**. S. 724/5. Sp. 30 einzutragen Liegnitz.

„ **Rückersdorf**. S. 724. Sp. 1 hinter Haltep. f. G. einzuschalten der Anschlußinhaber.

„ **Rüdersdorf***. S. 724/5. Sp. 1 statt 2776 4500, Sp. 17 statt 14 15; nachzutragen Sp. 31 (Sitz in Berlin), Sp. 34 Ziegeleien; Sp. 35 zu streichen Alte-Grund 2 km (Ch), sowie bei Herzfelde statt 4 7.

„ **Rüdesheim**. S. 724. Sp. 5 nachzutragen II, Sp. 15 statt 1 6, Sp. 17 statt 1 32.

„ **Rüttenscheid***. S. 724. Sp. 17 statt 14 18.

„ **Ruhbank**. S. 726/7. Sp. 25, 28 u. 29 statt Bolkenhain Landeshut.

„ **Ruhland**. S. 726/7. Sp. 1 statt 1956 2005, Sp. 17 statt 39 41; einzutragen Sp. 21 1, Sp. 30 Görlitz, Sp. 34 Niederlage der Dresdener Dünger-Export-Gesellschaft.

„ **Ruhnow**. S. 726. Zu streichen Sp. 7 (selbst. Güter-Abf.-St.) 1, Sp. 10 1, Sp. 19 $\frac{3}{2}$ 1750.

„ **Ruhrort**. S. 726/7. Sp. 7 (selbst. Fahrk.-Ausg.-St.) einzutragen 1, Sp. 15 statt 6 40, Sp. 17 statt 216 235, Sp. 25 statt Duisburg Ruhrort.

„ **Rummelsburg b. Berlin**. S. 726/7. Sp. 31 zuzusetzen (Sitz in Berlin).

„ **Runkel**. S. 728. Sp. 1 statt Bhf. 2. 3., Sp. 17 statt 1 5.

„ **Rupbach**. S. 728. Sp. 17 statt 1 8.

„ **Ruwer***. S. 728. Sp. 2 bei Trier zuzusetzen r. M., Sp. 17 statt 4 5.

„ **Rybnik**. S. 728/9. Zu streichen Sp. 7 (selbst. Fahrk.-Ausg.-St.) 1, Sp. 26 Rybnik.

Station **Saalfeld**. S. 730/1. Einzutragen Sp. 16 **4**, Sp. 26 Saalfeld; Sp. 18 statt 2 **1**.

„   **Saalhausen***. S. 730/1. Sp. 23 einzutragen Sprengstoffe.

„   **Saarlouis**. S. 730/1. Einzutragen Sp. 7 (selbst. Eilgut=Abfertigungsst.) **1**, Sp. 22 Bahnamtlich; Sp. 17 statt 19 **26**, Sp. 21 statt 7 **8**.

„   **Saatel***. S. 732/3. Sp. 1 statt Haltep. f. P. Haltep. f. P. u. G., Sp. 23 einzutragen Stückgut, Leichen, Fahrzeuge und Vieh.

„   **Sabine***. S. 732. Sp. 5 zuzusetzen I.

„   **Saborwitz***. S. 732/3. Sp. 2 statt Lissa i. P. Bojanowo, Sp. 22 zu streichen Privatbestätterei, Sp. 23 einzutragen Sprengstoffe, Sp. 35 statt 6 **2**.

„   **Sachsenhausen (Alt-)**. S. 732. Sp. 9 zu streichen **H**
                                                                      B.

„   **Sachsenhausen (Linksmainhafen)**. S. 732. Bei der Anmerkung †††) ist statt Der Güter=Abfertigungsstelle zu setzen Der Station.

„   **Sachsenhausen (Viehhof.)** S. 734. Sp. 1 statt Schlachthause Viehhofe, Sp. 34 nachzutragen und Schlachthaus, bei der Anmerkung am Fuße der Seite ††) ist statt und Wagenladungs=Güter in Wagenladungen zu setzen.

„   **Sagehorn**. S. 734/5. Sp. 1 statt 370 **396**, Sp. 17 statt 27 **23**, Sp. 23 einzutragen Fahrzeuge, Sp. 25 statt Verden Achim.

„   **Salzkotten**. S. 736. Sp. 1 statt 2168 **2233**.

„   **Salzmünde***. S. 736/7. Sp. 17 statt 8 **9**, Sp. 23 einzutragen Fahrzeuge, deren Ver= oder Entladung nur von der Kopfseite des Wagens erfolgen kann.

„   **Salzuflen**. S. 736/7. Sp. 10 einzutragen **1**, Sp. 17 statt 16 **23**, Sp. 21 statt 1 **2**, Sp. 35 zu streichen Schötmar 2 km (**Ch**).

„   **Salzwedel** Bhf. 2. Kl. S. 738. Sp. 10 statt 6 **3**, Sp. 17 statt 52 **54**, Sp. 21 einzutragen **1**.

„   **St. Andreasberg***. S. 738/9. Sp. 34 nachzutragen Ultramarinfabriken.

„   **St. Goar**. S. 738. Sp. 17 statt 8 **10**.

„   **St. Goarshausen**. S. 738. Sp. 5 zuzusetzen II, zu streichen Sp. 7 (selbst. Güter=Abfertigungsst.) **1**, Sp. 14 **1**; einzutragen Sp. 13 **1**, Sp. 21 **2**; Sp. 17 statt 1 **10**, Sp. 18 statt 1 **2**.

„   **St. Magnus**. S. 738. Sp. 1 statt 549 **600**.

„   **St. Margarethen**. S. 738/9. Sp. 21 einzutragen **2**, Sp. 23 zu streichen größere, zuzusetzen u. Sprengstoffe †) und als Anmerkung †) Auf den Anschlußgleisen der Bauunternehmer Vering und Höschele können Fahrzeuge jeder Art ver= und entladen werden.

„   **Sandberg***. S. 740/1. Sp. 26 einzutragen Sandberg.

„   **Sandebeck**. S. 740. Sp. 1 statt Bhf. 3. Kl. Haltest. f. P. u. G.

„   **Sandersleben**. S. 740/1. Sp. 22 nachzutragen Bahnamtliche u. Privatbestätterei.

„   **Sangerhausen**. S. 742. Sp. 1 statt 10000 **11000**, Sp. 17 statt 91 **94**, Sp. 21 statt 4 **5**.

„   **Sarnau***. S. 742/3. Sp. 23 einzutragen Sprengstoffe.

„   **Sarnow**. S. 742. Sp. 1 hinter Sarnow zuzusetzen *.

„   **Sassendorf**. S. 742/3. Sp. 34 nachzutragen Branntweinbrennerei.

„   **Saßmannshausen***. S. 742/3. Sp. 23 einzutragen Sprengstoffe.

„   **Sayn**. S. 742. Sp. 21 statt 1 **2**.

„   **Schafflund***. S. 744/5. Sp. 23 einzutragen Sprengstoffe.

„   **Schafhaus**. S. 744/5. Sp. 17 statt 3 **4**, Sp. 23 zuzusetzen u. Sprengstoffe.

„   **Schafstall**. S. 744. Sp. 17 statt 1 **8**.

„   **Schalke (B.=M.)**. S. 744. Sp. 8 einzutragen V.

„   **Schalke (C.=M.)**. S. 744. Sp. 13 zu streichen **1**, Sp. 17 statt 27 **30**, Sp. 21 statt 7 **8**.

Station **Schameder***. S. 744/5. Sp. 23 einzutragen Sprengstoffe.

" **Schandelah**. S. 744. Sp. 17 statt 9 **11**.

" **Scharley**. S. 746. Sp. 5 statt I **III**.

" **Scharzfeld**. S. 746. Sp. 1 statt Bhf. 2. **3**., statt 1183 **1150**, Sp. 10 einzutragen **1**, Sp. 17 statt 16 **17**, Sp. 19 zuzusetzen $\frac{2390}{kg}$.

" **Schebitz**. S. 746/7. Sp. 22 zu streichen Privatbestätterei.

" **Schedlau***. S. 746/7. Zuzusetzen Sp. 5 I, Sp. 34 Dampfmühle und Dampfbäckerei; Sp. 18 einzutragen **1**.

" **Schee***. S. 746. Sp. 17 statt 22 **23**.

" **Scheeßel**. S. 746/7. Sp. 1 statt 986 **1050**, Sp. 23 einzutragen Sprengstoffe, Sp. 35 statt Betzwege Hetzwege und bei Hetzwege statt 6 **3**, bei Sittensen statt 14 **16**.

" **Schelecken***. S. 746/7. Sp. 1 statt 106 **103**, Sp. 35 nachzutragen Cuttenberg 2 km (L).

" **Schepitz***. S. 748/9. Sp. 35 statt Kostrambo Rostrzembowo.

" **Scherfede**. S. 748. Sp. 13 statt 4 **1**, Sp. 19 hinter 5000 * und unter kg * (fahrbare).

" **Schermbeck**. S. 748/9. Sp. 35 zuzusetzen Alt=Schermbeck 2 km (L).

" **Schermeisel***. S. 748/9. Einzutragen Sp. 20 **1**, Sp. 22 Bahnamtlich.

" **Scherrebek**. S. 748/9. Hinter Scherrebek Sp. 1 zu setzen *, Sp. 23 einzutragen Sprengstoffe.

" **Schieder**. S. 748/9. Sp. 17 statt 8 **10**, Sp. 35 nachzutragen Soolbad Meinberg 17 km (Ch).

" **Schiedlow***. S. 748. Sp. 13 einzutragen **1**, Sp. 14 zu streichen **1**.

" **Schier***. S. 748. Sp. 2 statt Crefeld Dülken.

" **Schierstein**. S. 750. Sp. 5 zuzusetzen I, Sp. 17 statt 1 **10**, Sp. 21 einzutragen **1**.

" **Schildberg**. S. 750. Sp. 1 statt Bhf. 3. **2**.

" **Schillingen***. S. 750/1. Sp. 2 hinter Trier zuzusetzen r. M., Sp. 17 statt 2 **3**, Sp. 23 einzutragen Fahrzeuge.

" **Schivelbein**. S. 750/1. Sp. 10 zu streichen **1**, Sp. 31 statt Neustettin Belgard.

" **Schkeuditz**. S. 752/3. Sp. 34 zu streichen Dampfröhren=,.

" **Schlachtensee**. S. 752. Sp. 8 statt V **III**, Sp. 17 statt 10 **14**.

" **Schläfken***. S. 752/3. Sp. 31 statt Allenstein Osterode i. Ostpr.

" **Schlawe**. S. 752. Zu streichen Sp. 7 (selbst. Güter=Abfertigungsst.) **1**, Sp. 10 **1**; Sp. 19 statt $\frac{8}{1}$ $\frac{2}{5000}$ $\frac{5000}{1250}$ $\frac{2}{kg}$ $\frac{1250}{kg}$.

" **Schlebusch**. S. 752. Sp. 17 statt 15 **21**, Sp. 20 einzutragen **1**, Sp. 34 nachzutragen Sandgruben, Farbefabriken.

" **Schleswig*** (Altstadt). S. 754/5. Sp. 33 statt H S **S**, bei der Anmerkung am Fuße der Seite †) ist zuzusetzen: Von Schleswig (Altst.) nach Schleswig (Fr.) und umgekehrt findet der Fahrkartenverkauf und die Gepäckabfertigung durch den Zugführer statt.

" **Schleswig** (Friedrichsberg). S. 754/5. Sp. 23 nachzutragen Sprengstoffe u. größere Fahrzeuge, Sp. 33 statt H S **S**.

" **Schlettau**. S. 754. Sp. 17 statt 20 **21**.

" **Schlobitten**. S. 754/5. Zu streichen Sp. 5 I, Sp. 33 **R**.

" **Schlochau***. S. 754. Sp. 17 statt 13 **17**.

" **Schmalkalden**. S. 756/7. Sp. 2 statt Zella=Mehlis Zella·St. Blasii, zu streichen Sp. 35 Floh 5 km (Ch) u. Hohleborn 8 km (Ch).

Station **Stiller-Thor***. S. 755. Die Station ist nebst sämmtlichen Angaben an dieser Stelle zu streichen und auf S. 812 hinter Stift-Keppel einzuschalten, jedoch ist zu setzen Sp. 2 statt Erfurt Zella-St. Blasii und bei der Anmerkung am Fuße der Seite †) statt Fahrkartenverkauf findet durch das Fahrpersonal statt: Ist mit einem Agenten besetzt.

„ **Schmallenberg***. S. 756/7. Sp. 2 statt Altena Altenhundem, Sp. 17 statt 8 6, Sp. 23 einzutragen Sprengstoffe.

„ **Schmargendorf**. S. 758/9. Nachzutragen Sp. 23 Leichen, Fahrzeuge u. Vieh, Sp. 35 Dahlem 9 km (Ch).

„ **Schmidtheim**. S 758/9. Sp. 35 zu streichen Dahlem 9 km (Ch).

„ **Schmiedefeld i. Schl.** S. 758/9. Sp. 22 zu streichen Privatbestätterei.

„ **Schneidemühl.** S. 760/1. Zu streichen Sp. 7 (selbst. Gepäckabfertigungsst.) 1, Sp. 35 hinter Usch , Stadt,; Sp. 13 statt 2 3, Sp. 15 statt 68 70, Sp. 16 statt 86 83, Sp. 17 statt 178 163, Sp. 33 statt I U.

„ **Schönborn.** S. 762. Sp. 1 hinter Schönborn zuzusetzen bei Dobrilugk und statt Haltest. Haltep. Sp. 5 statt Halle a. S. Cottbus.

„ **Schönebeck.** S. 762/3. Sp. 20 statt 2 1, Sp. 21 statt 15 16, Sp. 34 statt Großböttcherei Großböttchereien.

„ **Schöneberg.** S. 762/3. Sp. 1 zu streichen †) mit der zugehörigen Anmerkung; Sp. 23 nachzutragen Leichen, Fahrzeuge u. Vieh.

„ **Schöneck i. Westpr.***. S. 762/3. Sp. 33 statt R U.

„ **Schönefeld.** S. 764. Sp. 7 (selbst. Fahrkartenausgabest.) zu streichen 1.

„ **Schönfeld b. Großenhain.** S. 764/5. Sp. 17 statt 7 9, Sp. 21 statt 1 2; einzutragen Sp. 23 Sprengstoffe, Sp. 34 Niederlage der Dresdener Dünger-Export-Gesellschaft.

„ **Schönfeld b. Stendal.** S. 764. Sp. 1 statt 102 132.

„ **Schönhauser Allee.** S. 764/5. Sp. 31 zuzusetzen I u. II.

„ **Schöningen.** S. 766. Sp. 17 statt 44 42.

„ **Schönsee i. Westpr.** S. 766/7. Sp. 1 statt 1646 1850; zu streichen Sp. 34 Neu-Schönsee, Sp. 35 hinter Gollub , Stadt,; nachzutragen Sp. 34 Brennerei.

„ **Schöppenstedt.** S. 768/9. Sp. 17 statt 20 30, Sp. 34 hinter Spiritus- statt Fabrik Fabriken, hinter Maschinen- statt Fabriken Fabrik und statt Brauereien Brennereien.

„ **Schoppinitz R.-P.-U.** S. 768. Sp. 5 statt I III, Sp. 21 statt 3 1.

„ **Schottwitz.** S. 768/9. Sp. 1 statt Haltest. f. G. Haltest. f. P. u. G., statt 4010 400, Sp. 23 zu streichen Stückgüter.

„ **Schraplau***. S. 768. Sp. 17 statt 13 12.

„ **Schrimm***. S. 768/9. Sp. 22 statt Privatbestätterei Bahnamtlich, Sp. 26 einzutragen Schrimm.

„ **Schroda.** S. 770. Sp. 1 statt Bhf. 3. 2.

„ **Schübben-Zanow.** S. 770/1. Sp. 31 statt Cöslin Belgard, Sp. 34 statt Dampfzündholzfabriken Zündholzfabriken.

„ **Schulitz.** S. 770. Sp. 17 statt 30 21.

„ **Schwarmstedt***. S. 772. Sp. 17 statt 16 12.

„ **Schwarzbach.** S. 772/3. Sp. 35 nachzutragen Bielen 2 km (L).

„ **Schwarzenau.** S. 772/3. Sp. 17 statt 4 7, Sp. 35 zu streichen Schwarzenau.

„ **Schwarzenbek.** S. 772/3. Sp. 23 einzutragen Sprengstoffe.

„ **Schwarzkollm.** S. 772/3. Sp. 23 nachzutragen Leichen, Vieh u. Fahrzeuge.

„ **Schwedt a. O.***. S. 774. Sp. 17 statt 10 12, Sp. 18 statt 2 1.

„ **Schwersenz***. S. 776/7. Sp. 1 statt Haltest. f. P. u. G. Bhf. 3. Kl., Sp. 8 statt V IV, Sp. 35 statt Zielinice Zieliniec, statt Gewarzewo Gowarzewo.

Station **Schwerte**. S. 776. Sp. 11 zu streichen 1, Sp. 16 statt 10 **12**, Sp. 17 statt 85 **83**.

„ **Schwiebus**. S. 776. Sp. 21 statt 1 **2**.

„ **Schwientochlowitz**. S. 776/7. Einzutragen Sp. 6 **1**, Sp. 23 Sprengstoffe; Sp. 22 statt Bahn=
amtlich Privatbeftätterei.

„ **Sebaldsbrück**. S. 778. Sp. 10 einzutragen **2**, Sp. 17 statt 26 **17**.

„ **Sedlinen***. S. 778/9. Sp. 1 statt 18 **84**; nachzutragen Sp. 34 Brauerei, Ziegelei, Sp. 35
Keilhof 8 km (L); Sp. 35 hinter Ruden statt 2 **4**, hinter Bialken statt 3 **5**, hinter Eller=
walde statt 4 **6**.

„ **Seebach**. S. 778. Zu streichen Sp. 21 **1**.

„ **Seefeld**. S. 778. Sp. 17 einzutragen **2**.

„ **Seegefeld**. S. 778/9. Sp. 23 einzutragen Sprengstoffe.

„ **Seehausen** (Altmark). S. 780. Sp. 1 statt (Altmarkt) (Altmark).

„ **Seelze**. S. 780. Sp. 17 statt 7 **6**.

„ **Seepothen**. S. 780/1. Zu streichen Sp. 5 I. Sp. 33 R.

„ **Seeresen***. S. 780/1. Zu streichen Sp. 18 **1**, Sp. 32 A, Sp. 33 R.

„ **Seesen**. S. 780. Sp. 16 statt 13 **14**, Sp. 17 statt 49 **58**.

„ **Segeberg**. S. 782/3. Sp. 17 statt 11 **14**, Sp. 34 nachzutragen Seifenfabrik, Brauerei.

„ **Selters***. S. 782. Sp. 20 einzutragen **1**.

„ **Senftenberg i. d. Lausitz**. S. 782. Sp. 13 statt 1 **2**, Sp. 17 statt 38 **39**.

„ **Siebenborn***. S. 784. Sp. 2 statt Coblenz Wengerohr.

„ **Siedenlangenbeck***. S. 784/5. Sp. 35 hinter Groß-Gischau statt 4 **2**.

„ **Siegersdorf**. S. 784/5. Sp. 30 einzutragen Liegnitz.

„ **Siershahn***. S. 784. Sp. 21 statt 1 **2**.

„ **Siethwende**. S. 786/7. Zu streichen Sp. 10 **1**, Sp. 23 größere; zuzusetzen Sp. 23 u. Sprengstoffe.

„ **Silberhausen**. S. 786. Sp. 1 statt Bhf. 3. Kl. Halteft. f. P. u. G.

„ **Silschede***. S. 786/7. Sp. 23 einzutragen Sprengstoffe.

„ **Simonsdorf**. S. 788/9. Sp. 17 statt 18 **20**, Sp. 33 zu streichen R.

„ **Simtshausen***. S. 788/9. Sp. 23 einzutragen Sprengstoffe.

„ **Sindlingen-Zeilsheim**. S. 788. Sp. 1 statt 2030 **2368**, Sp. 5 nachzutragen I.

„ **Skaisgirren***. S. 788/9. Sp. 1 statt 565 **600**, Sp. 22 einzutragen Bahnamtlich, Sp. 34 zu
streichen in Aßnagarn, Sp. 35 nachzutragen Aulowöhnen 7 km (Ch).

„ **Skandau**. S. 788. Sp. 17 statt 12 **16**.

„ **Slawentzitz**. S. 788/9. Sp. 23 nachzutragen u. Sprengstoffe.

„ **Sobbowitz***. S. 788/9. Sp. 33 zu streichen R.

„ **Sodehnen***. S. 790/1. Sp. 1 statt 335 **362**, Sp. 10 zu streichen 1, Sp. 35 statt Ballitschen Ballethen.

„ **Soden i. Taunus**. S. 790/1. Zu streichen Sp. 15 **1**, Sp. 34 Chamottstein-, Topfwaaren-
fabrik, Thongrube; Sp. 34 nachzutragen Sodener Pastillenfabrik.

„ **Söllingen**. S. 790. Sp. 17 statt 13 **15**.

„ **Sömmerda***. S. 790/1. Sp. 1 statt 5100 **4600**, Sp. 19 statt $\frac{2}{1250} \frac{1}{10000}$, Sp. 22 vor Privat=
beftätterei zu setzen Bahnamtliche u. $\frac{10000}{10000} \frac{\text{kg}}{\text{kg}}$

„ **Sohrau O.-S.*** S. 790. Sp. 2 statt Gleiwitz Orzesche.

„ **Solingen-Nord***. S. 790. Sp. 17 statt 35 **18**.

„ **Solingen-Süd***. S. 792/3. Sp. 17 statt 18 **35**; zuzusetzen Sp. 19 $\frac{7500}{\text{kg}}$, Sp. 34 Bierbrauereien,
Krautfabrik, Maschinenbauanstalt, Eisengießereien, Dampfmühle, Sp. 35 Höhscheid
3 km (Ch), Widdert (Ober-, Mittel- u. Unter-) 5 km (L).

Station **Solingen-Weyersberg** *. S. 792. Sp. 13 zu streichen **1**.

„ **Sollbrück**. S. 792/3. Sp. 23 nachzutragen u. Sprengstoffe.

„ **Sollstedt**. S. 792/3. Sp. 26 statt Sollstedt Wülfingerode.

„ **Solpke**. S. 792/3. Einzutragen Sp. 32 **A**, Sp. 35 Sachau 3 km (**L**), Jerchel 3 km (**L**), Jeseritz 5 km (**L**).

„ **Soltau**. S. 792/3. Sp. 1 statt 2827 **3417**, Sp. 10 einzutragen **2**, Sp. 17 statt 18 **15**, Sp. 18 statt 1 **2**, Sp. 34 nachzutragen Dampf-Molkerei.

„ **Sommerau** *. S. 792/3. Sp. 25 nachzutragen (Land).

„ **Sommerfeld**. S. 792/3. Sp. 30 einzutragen Frankfurt a. O.

„ **Sommerstedt**. S. 794/5. Sp. 22 einzutragen Bahnamtliche Bestätterei nach Mölby, Oxenwatt, Jels, Grönnebeck, Rödding, Hiating, Foldingbro, Sp. 23 nachzutragen u. Sprengstoffe.

„ **Sondershausen**. S. 794/5. Sp. 1 statt 6400 **6700**, Sp. 10 zu streichen **1**.

„ **Sontra**. S. 794/5. Sp. 28 und 29 statt Rotenburg a. F. Sontra, Sp. 35 einzutragen Wachmannshausen 6 km (**Ch**).

„ **Sottrum**. S. 796/7. Sp. 1 statt 550 **950**, Sp. 23 einzutragen Fahrzeuge, Sp. 29 statt Stade Verden.

„ **Spandau** (B. H.). S. 796/7. Sp. 1 statt Bhf. 2. 1., einzutragen Sp. 6 **1**, Sp. 7 (selbst. Fahrkartenausgabest.) **1**, Sp. 7 (selbst. Eilgutausgabest.) **1**; Sp. 19 statt $\begin{matrix} 2 & 1 \\ 5000 & 5000 \\ 1200 & \mathrm{kg} \\ \mathrm{kg} & \end{matrix}$, Sp. 34 nachzutragen kgl. Armee-Conserven-, kgl. Geschoß-Fabrik.

„ **Spandau** (B. L.). S. 796/7. Sp. 1 statt Bhf. 1. 2., Sp. 19 statt $\begin{matrix} 4 & 4 \\ 2 & 1000 \\ 1000 & 3260 \\ 1 & 1250 \\ 3260 & 2500 \\ 1250 & \mathrm{kg} \\ \mathrm{kg} & \end{matrix}$

„ **Spangenberg**. S. 796/7. Sp. 31 statt Fritzlar Cassel II.

„ **Speele**. S. 796/7. Sp. 17 statt 2 **3**, Sp. 21 einzutragen **1** (Drahtseilbahn), Sp. 34 nachzutragen Braunkohlenwerke, Zeche Holzhausen.

„ **Speicher i. d. Eifel**. S. 796. Sp. 2 statt Gerolstein Cöln, Sp. 17 statt 7 **10**.

„ **Speldorf**. S. 798/9. Sp. 7 (selbst. Fahrkartenausgabest.) einzutragen **1**, Sp. 25 statt Duisburg Mülheim a. d. Ruhr.

„ **Spindlersfeld** *. S. 798. Sp. 8 statt V II.

„ **Spirokeln** *. S. 798/9. Sp. 17 einzutragen **2**, Sp. 35 statt Scherrewichken Scherrewischken.

„ **Sprakebüll** *. S. 798/9. Sp. 23 nachzutragen u. Sprengstoffe.

„ **Spremberg**. S. 798/9. Sp. 35 statt Blaischdorf Bloischdorf.

„ **Sprötze**. S. 800/1. Sp. 26 statt Sprötze Trelde, Sp. 31 statt Harburg Lüneburg.

„ **Stade**. S. 800. Sp. 15 einzutragen **1**.

„ **Stadthagen**. S. 800. Sp. 17 statt 33 **23**.

„ **Stadtoldendorf**. S. 800. Sp. 17 statt 15 **23**.

„ **Stadtsulza** (Thüringer Bhf.). S. 802/3. Sp. 26 statt Stadtsulza Dorfsulza, Sp. 34 nachzutragen Filz-, Woll- u. Schuhwaarenfabriken, chemische Waschanstalt, Färberei, Holzhandlungen, Gärtnereien, Steinbrüche; Sp. 35 statt Garnstedt Gernstedt.

„ **Stadtsulza** (Saal-Unstrut-Bahnhof). S. 802. Sp. 5 zuzusetzen III.

„ **Stäven** *. S. 802/3. Sp. 1 statt Stäven Stäwen und zuzusetzen 319 E., Sp. 2 statt Gollnow Alt-Damm, Sp. 25, 28 und 29 statt Naugard Cammin i. Pom., Sp. 27 und 29 statt Stargard i. Pom. Stettin.

„ **Staffel** *. S. 802. Sp. 20 einzutragen **1**.

„ **Stallupönen**. S. 802/3. Sp. 1 statt 4670 **4677**, nachzutragen Sp. 5 I, Sp. 22 Güternebenstelle Schirwindt (40 km); zu streichen Sp. 10 **1**, Sp. 17 statt 18 **27**.

Station **Stargard i. Pom.** S. 804/5. Sp. 7 (selbst. Gepäckabfertigungsst.) zu streichen 1, Sp. 10 statt 2 1. Sp. 15 statt 55 **60**, einzutragen Sp. 31 Stargard i. Pom., Sp. 35 Massow 2(km (Ch).

„ **Starkow*.** S. 804. Sp. 21 einzutragen 1.

„ **Staßfurt.** S. 804. Sp. 17 statt 105 **115** †††) und als Anmerkung zu setzen †††) Einschließlich 9 Weichen des Filialbahnhofes Achenbach; Sp. 21 statt 29 **34**.

„ **Stederdorf.** S. 804/5. Sp. 17 statt 2 **3**, Sp. 23 einzutragen Sprengstoffe.

„ **Stedesand.** S. 804/5. Sp. 23 einzutragen Sprengstoffe.

„ **Steele (B. M.).** S. 806. Sp. 2 statt Dahlhausen Dortmund, Sp. 8 statt III **IV**, Sp. 17 statt 76 **81**, Sp. 14 zu streichen **3**.

„ **Steele (Rh.)*.** S. 806. Sp. 17 statt 10 **19**, Sp. 21 statt 4 **5**.

„ **Steinbach-Hallenberg*.** S. 806/7. Sp. 2 statt Steinbach-Hallenberg Zella-St. Blasii; einzutragen Sp. 13 **1**, Sp. 26 Steinbach-Hallenberg; Sp. 17 statt 3 **7**, Sp. 35 statt Allersbach Altersbach, statt Bernbach Bermbach, statt Rotterrode Rotterode, sowie zu streichen Herges 2 km (Ch), Diernau 4 km (Ch) und zuzusetzen Herges-Hallenberg 2 km (Ch).

„ **Steinebrück*.** S. 808. Sp. 2 statt Trier | St. Vith Gerolstein | Sommerweiler.

„ **Steinkirche.** S. 808. Sp. 21 statt 1 **2**.

„ **Stelle.** S. 808. Sp. 1 statt 900 **1150**.

„ **Stellienen*.** S. 808. Sp. 1 statt 20 **30**.

„ **Stempuchowo*.** S. 808/9. Sp. 23 nachzutragen u. Fahrzeuge, Sp. 35 statt Modzewie Modrzewie.

„ **Stendal.** S. 808. Sp. 10 statt 7 **4**, Sp. 21 statt 2 **1**.

„ **Sternberg.** S. 810/1. Sp. 22 zu streichen Bahnamtlich.

„ **Sternschanze.** S. 810/1. Sp. 23 einzutragen Sprengstoffe.

„ **Sterzhausen*.** S. 810/1. Sp. 23 einzutragen Sprengstoffe.

„ **Stettin (Centralgüterbhf.).** S. 810. Sp. 18 statt 8 **1**, Sp. 19 statt 13 **14**, zu streichen hinter 1 $\frac{1000}{1500}$ zuzusetzen hinter 1800 **1500**.

„ **Stettin*** (Dunzigbhf. ꝛc.). S. 810. Sp. 19 statt 14 **13** und zu streichen $\frac{1}{5000}$

„ **Steubendorf.** S. 812. Sp. 1 hinter Steubendorf zuzusetzen *, Sp. 17 statt 2 **3**.

„ **Stockum*.** S. 812. Sp. 2 statt Bochum Langendreer (Rh.), Sp. 27 statt Essen Bochum, Sp. 29 statt Essen u.

„ **Stolberg (Rh.)** S. 812. Einzutragen Sp. 6 **1**, Sp. 22 statt Privatbestätterei Bahnamtlich, Sp. 34 statt Eisenhüttenwerk Zinkhüttenwerk und nachzutragen Glashütte, Kunstdüngerfabriken.

„ **Stolberg-Mühle*.** S. 814. Sp. 20 einzutragen 1.

„ **Stolberg-Rottleberode*.** S. 814/5. Sp. 34 hinter Kupferbergbau zu streichen und Verhüttung.

„ **Stolno*.** S. 814/5. Sp. 1 statt 780 **750**, Sp. 35 statt Ribenz Ribinz, statt Gilens Gilenz.

„ **Stolpmünde*.** S. 814/5. Sp. 35 statt Dünerow Dünnow.

„ **Stonischken.** S. 816. Sp. 1 statt 148 **150**.

„ **Stooszynen*.** S. 816/7. Sp. 1 statt 318 **320**, in Sp. 35 sind sämmtliche Angaben zu streichen.

„ **Stotternheim.** S. 816/7. Sp. 1 statt Bhf. 3. Kl. Haltest. f. P. u. G. und statt 1356 **1390**, Sp. 33 nachzutragen u. Tabak, Sp. 35 bei Alperstedt statt 4 **5**, bei Mittelhausen statt 3 **5**, bei Riethnordhausen statt 4 **5**, bei Schwerborn statt 3 **4**.

„ **Straelen.** S. 816. Sp. 17 statt 24 **26**, Sp. 18 einzutragen 1.

„ **Stralau-Rummelsburg.** S. 816/7. Nachzutragen Sp. 23 Leichen, Fahrzeuge u. Vieh, Sp. 31 **I und II.**

„ **Stralkowo*.** S. 816/7. Sp. 34 zu streichen in der Umgegend.

„ **Stralsund.** S. 816/7. Sp. 21 einzutragen 1, Sp. 34 zuzusetzen Zuckerfabrik.

„ **Straßburg i. Westpr.*** S. 818/9. Sp. 1 statt 5470 **6123**, Sp. 33 statt U **HZ**.

Station **Straßgräbchen**. S. 818. Sp. 17 statt 18 **16**.

„ **Strausberg**. S. 818/9. Sp. 20 einzutragen **1**, Sp. 31 nachzutragen (Sitz in Berlin).

„ **Straußfurt**. S. 818. Einzutragen Sp. 9 B, Sp. 20 **1**; Sp. 17 statt 36 **38**.

„ **(Strelno)***. S. 820/1. Sp. 1 zu streichen ( ); einzutragen Sp. 22 Bahnamtlich, Sp. 34 Brennerei, Stärkefabrik, Ziegelei, Sp. 35 Amalienhof 3 km (L), Bronislaw 7 km (L), Hochkirch 5 km (L), Kaiserthal 3 km (L), Lonke 2 km (L), Mühlgrund 3 km (L); Sp. 31 statt Gnesen Jnowrazlaw.

„ **Ströbel***. S. 820/1. Sp. 10 statt 2 **1**, Sp. 17 statt 11 **12**, Sp. 22 zu streichen Privatbeſtätterei, Sp. 23 einzutragen Sprengstoffe.

„ **Stubben**. S. 822. Sp. 1 statt 108 **140**, Sp. 17 statt 18 **15**, Sp. 10 einzutragen **2**.

„ **Stuhm***. S. 822/3. Nachzutragen Sp. 34 Schneidemühle, Ziegelei, Sp. 35 Hohendorf 3 km (Ch), Neudorf 6 km (L); Sp. 35 zu streichen Oſtrow-Broze 3 km (L).

„ **Sudenburg**. S. 822/3. Sp. 34 zu streichen f. Magdeburg Centralbahnhof.

„ **Suderburg**. S. 822/3. Sp. 1 statt 150 **175**, Sp. 21 zuzusetzen (schmalspurig), einzutragen Sp. 23 Fahrzeuge, Sp. 32 A; Sp. 35 statt Bößeringen **Hößeringen**.

„ **Süderdeich***. S. 824/5. Sp. 23 nachzutragen u. Sprengstoffe.

„ **Süderlügum**. S. 824/5. Sp. 23 einzutragen Sprengstoffe..

„ **Süldorf***. S. 824/5. Sp. 23 statt größere schwerwiegende und zuzusetzen u. Sprengstoffe.

„ **Suhl**. S. 824/5. Nachzutragen Sp. 22 Güternebenstelle Heidersbach (5 km).

„ **Sulzbach**. S. 824. Sp. 19 zu streichen $\frac{1}{2500}$ kg

„ **Sundwig***. S. 826/7. Sp. 18 einzutragen **1**, Sp. 23 nachzutragen Sprengstoffe.

„ **Swinemünde***. S. 826. Sp. 16 statt 5 **6**.

„ **Szameitkehmen**. S. 826/7. Sp. 1 hinter Haltep. f. P. zuzusetzen u. G., Sp. 23 einzutragen Wagenladungen.

„ **Szargillen***. S. 828/9. Sp. 35 zu streichen Szargillen 2 km (Ch).

„ **Szillen**. S. 828/9. Zu streichen Sp. 10 **1**, Sp. 35 Ragnit 15 km (Ch).

Station **Taben**. S. 830. Sp. 17 statt 8 **6**.

„ **(Tambach)***. S. 830/1. Sp. 1 zu streichen ( ); einzutragen Sp. 23 Fahrzeuge u. Sprengstoffe, Sp. 34 Schneidemühlen, Spielwaaren- u. Porzellanfabriken, Papier- u. Lohmühle, Sp. 35 Dietharz 0,5 km (Ch).

„ **Tangerhütte**. S. 830/1. Sp. 20 einzutragen **1**, Sp. 35 bei Grieben und Bittkau statt (L) (Ch).

„ **Tann***. S. 830. Sp. 1 statt 1090 **1107**.

„ **Tantow**. S. 830. Sp. 18 statt 2 **1**.

„ **Tapiau**. S. 830/1. Sp. 10 zu streichen **1**, Sp. 18 statt 1 **2**, Sp. 35 bei Biberswalde statt (L) (Ch).

„ **Tarnau**. S. 830/1. Sp. 23 einzutragen Fahrzeuge u. Sprengstoffe.

„ **Tarp**. S. 832/3. Sp. 23 zuzusetzen u. Sprengstoffe.

„ **Taucha**. S. 832. Sp. 7 (selbſt. Fahrk.-Ausgabeſt.) zu streichen **1**.

„ **Techlipp***. S. 832/3. Sp. 35 statt Beßewitz **Beßwitz**.

„ **Temmels**. S. 832. Sp. 2 statt Karthaus | Diedenhofen Coblenz | Metz.

„ **Tempel***. S. 834. Sp. 21 einzutragen **1**.

„ **Tempelburg***. S. 834/5. Sp. 34 einzutragen Dampfsägewerke.

„ **Tempelhof (Ringbahn)**. S. 834. Sp. 17 statt 38 **39**.

„ **Terkelsbüll**. S. 834. Sp. 1 hinter Terkelsbüll zuzusetzen *.

„ **Teuchern**. S. 836/7. Sp. 17 statt 31 **30**, Sp. 26 einzutragen Teuchern.

Station **Teuplitz.** S. 836/7. Sp. 17 statt 20 **19**, Sp. 31 statt Sorau **Guben.**

„ **Teutschenthal.** S. 836. Sp. 10 zu streichen **1**, Sp. 17 statt 41 **59.**

„ **Theißen.** S. 836/7. Sp. 23 zu streichen Leichen, Fahrzeuge u. Vieh.

„ **Thiergarten.** S. 836/7. Sp. 31 zuzusetzen I u. **II.**

„ **Thomaswaldau.** S. 836/7. Sp. 30 einzutragen Liegnitz.

„ **Thorn (Hauptbahnhof).** S. 838. Sp. 7 (selbst. Gep.-Abf.-St.) zu streichen 1, Sp. 15 statt 18 **21**, Sp. 16 statt 45 **44.**

„ **Thunow.** S. 838/9. Sp. 31 statt Cöslin **Belgard.**

„ **Tichau.** S. 838. Sp. 21 einzutragen **1.**

„ **Tiebensee.** S. 838/9. Sp. 1 hinter Tiebensee zuzusetzen *, Sp. 23 zu streichen größere, zuzusetzen u. Sprengstoffe.

„ **Tiedmannsdorf.** S. 838/9. Sp. 17 statt 7 **8**, Sp. 33 zu streichen **R.**

„ **Tiegenhof*.** S. 838/9. Sp. 1 statt Bhf. 3. Kl. Haltest. f. P. u. G., Sp. 14 zu streichen 1, Sp. 33 statt R **U**, Sp. 34 nachzutragen Brennerei.

„ **Tillowitz*.** S. 840. Sp. 5 zuzusetzen I.

„ **Tilsit.** S. 840. Sp. 7 (selbst. Gep.-Abf.-St.) zu streichen **1**, Sp. 15 statt 4 **6**, Sp. 16 statt 2 **4**, Sp. 17 statt 34 **36**, Sp. 19 statt 3600 **6000.**

„ **Tingleff.** S. 840. Sp. 17 statt 16 **15.**

„ **Tönning*.** S. 840. Sp. 17 statt 23 **25.**

„ **Tondern (Staatsbahnhof.)** S. 840/1. Sp. 1 hinter Tondern nachzutragen *, Sp. 2 statt Husum | Hoyding Tingleff | Tondern, Sp. 4 statt Flensburg Glückstadt, Sp. 5 statt Flensburg II Tondern, Sp. 33 statt I **S.**

„ **Tondern (Marschbahnhof).** S. 840/1. Sp. 20 einzutragen 1, Sp. 33 statt I **S.**

„ **Torgau.** S. 842/3. Sp. 2 statt Guben Cottbus, Sp. 23 zu streichen Sprengstoffe, Sp. 34 zuzusetzen Maschinenfabrik.

„ **Torgelow*.** S. 842. Sp. 17 statt 5 **7**, Sp. 20 einzutragen **1.**

„ **Tornesch.** S. 842/3. Nachzutragen Sp. 23 u. Sprengstoffe, Sp. 34 Conservenfabrik.

„ **Tost.** S. 842. Sp. 17 statt 11 **9.**

„ **Tostedt.** S. 842/3. Sp. 1 statt 1068 **1200**, Sp. 13 statt 1 **2**, Sp. 17 statt 10 **11**, Sp. 26 statt Tostedt Todtglüsingen.

„ **Traben-Trarbach*.** S. 842/3. Sp. 16 statt 1 **2**, Sp. 17 statt 9 **10**, Sp. 34 nachzutragen Wein-großhandlungen.

„ **Trachenberg.** S. 842. Sp. 19 zu streichen $\frac{1}{25000}$ kg

„ **Tragheimer Palve.** S. 844. Sp. 8 statt II **I.**

„ **Trakehnen.** S. 844. Sp. 1 statt 54 **61**, einzutragen Sp. 8 **V.**

„ **Tralau*.** S. 844/5. Sp. 33 zu streichen **R.**

„ **Trebbichau.** S. 844/5. Sp. 23 nachzutragen Leichen u. Vieh.

„ **Trebbin.** S. 844/5. Sp. 23 einzutragen Sprengstoffe, Sp. 33 statt I **S.**

„ **Trebitz (Elbe).** S. 844/5. Sp. 23 nachzutragen u. Fahrzeuge.

„ **Trebnitz (Mark).** S. 844/5. Sp. 17 statt 14 **15**, Sp. 35 statt Wohrin Worin und zuzusetzen Jahnsfelde 4 km **(Ch).**

„ **Tremessen.** S. 846/7. Sp. 35 zuzusetzen Kruchowo 6 km (L) und statt Stubarzewo Stubaszewo.

„ **Trendelburg*.** S. 846/7. Sp. 23 einzutragen Sprengstoffe.

„ **Triangel*.** S. 846. Sp. 2 statt Gifhorn Braunschweig.

Station **Trier l. M.***. S. 848/9. Sp. 2 statt Ehrang Ehrang-Trier l. M., Sp. 13 statt 1 3, Sp. 17
statt 63 69, Sp. 21 statt 4 2, Sp. 23 zu streichen Leichen, lebende Thiere u. Fahrzeuge.

„ **Trier r. M.** S. 848. Sp. 8 statt IV III, Sp. 17 statt 57 71.

„ **Trittau.** S. 848/9. Sp. 23 einzutragen Sprengstoffe, Sp. 33 statt H S.

„ **Troisdorf.** S. 848. Sp. 1 statt Bhf. 2. 1., Sp. 17 statt 44 48.

„ **Tschepline***. S. 850/1. Sp. 22 zu streichen Privatbestätterei, Sp. 23 einzutragen Sprengstoffe,
Sp. 29 statt Breslau Wohlau.

„ **Tschecheln.** S. 852/3. Sp. 1 statt Haltest. Haltep., Sp. 23 zu streichen Eilgut u. Vieh, Sp. 31
statt Sorau Guben.

Station **Uchtdorf.** S. 854/5. Nachzutragen Sp. 34 Dampfschneidemühle u. Holzleistenfabrik, Brennerei
in Selchow, Dampfmahlmühle in Nipperwiese, Sp. 35 Nipperwiese 8 km (L).

„ **Uder.** S. 854/5. Sp. 17 statt 7 5, Sp. 22 einzutragen Privatbestätterei, Sp. 23 zu streichen Stückgut.

„ **Ueberruhr.** S. 854/5. Sp. 23 einzutragen Sprengstoffe.

„ **Ueckendorf-Wattenscheid.** S. 854. Sp. 17 statt 50 49, Sp. 21 statt 9 7.

„ **Uelzen.** S. 854/5. Sp. 16 statt 43 38, Sp. 18 statt 1 2, Sp. 19 statt $\frac{1}{1250\ \mathrm{kg}}$ $\frac{2}{5000\ \mathrm{kg}}$, Sp. 21 statt 2 1,
Sp. 33 statt U S. $\frac{2500}{\mathrm{kg}}$

„ **Uerzig** (Mosel). S. 854. Sp. 17 statt 14 15.

„ **Uhyst** (Vorbahnhof). S. 856/7. Sp. 23 einzutragen Leichen, Fahrzeuge, Vieh u. Sprengstoffe.

„ **Unna.** S. 856. Sp. 11 zu streichen 1, Sp. 17 statt 51 56.

„ **Unter-Eschbach***. S. 858/9. Sp. 23 nachzutragen Sprengstoffe.

„ **Unterlüß.** S. 858/9. Sp. 1 statt 91 105, Sp. 18 statt 1 2, Sp. 26 zu streichen Celle.

„ **Urbach.** S. 858/9. Sp. 1 statt 1000 1500, Sp. 17 statt 16 21, Sp. 35 bei Perz statt 1 5.

„ **Urmitz.** S. 860. Sp. 17 statt 20 21, Sp. 20 statt 2 3.

Station **Vallendar.** S. 862/3. Sp. 17 statt 16 17, Sp. 22 einzutragen Bahnamtlich.

„ **Vechelde.** S. 862. Sp. 19 zuzusetzen 1000 kg, Sp. 21 zu streichen 1.

„ **Velbert***. S. 864/5. Sp. 16 statt 4 3, Sp. 23 einzutragen Sprengstoffe, Sp. 28 statt Langenberg Velbert.

„ **Venlo ††)** Bhf. 1. Kl. S. 864. Sp. 2 statt Geldern | Venlo Roermond | Nymwegen, Sp. 10 ein-
zutragen 1.

„ **Verden.** S. 864. Sp. 1 statt 8594 8712, Sp. 10 einzutragen 1, Sp. 17 statt 40 31, Sp. 19 zuzusetzen 2700 kg, Sp. 20 zu streichen 1.

„ **Vetschau.** S. 864. Sp. 17 statt 11 16.

„ **Vienenburg.** S. 866. Sp. 16 statt 3 2.

„ **(Viernau*).** S. 866/7. Sp. 1 zu streichen ( ), nachzutragen hinter Viernau* †) und als Anmerkung †) Ist mit einem Agenten besetzt; Sp. 2 statt Zella-Mehlis Zella-St. Blasii,
Sp. 23 einzutragen Fahrzeuge, Vieh u. Sprengstoffe.

„ **Vieselbach.** S. 866/7. Sp. 1 statt Bhf. 2. 3., Sp. 17 statt 9 10, Sp. 35 nachzutragen Ollendorf
7 km (L), Niederzimmern 5 km (L), Klein- und Groß-Mölsen 5 km (L) und statt
Hopfgarten Hopfgarten.

„ **Vietz.** S. 866/7. Sp. 1 statt 4296 4500, Sp. 17 statt 21 27, nachzutragen Sp. 34 Brennereien
Sp. 35 Blumberg 3 km (L), Massin 7 km (Ch), Scharnhorst 2 km (Ch).

„ **Villmar.** S. 868. Sp. 17 statt 1 10.

„ **Vinnhorst***. S. 868/9. Sp. 1 hinter Haltep. f. P. zuzusetzen u. G., Sp. 23 einzutragen Leichen,
Fahrzeuge u. Vieh.

Station **Vissellhövede**. S. 868/9. Sp. 1 statt 1062 **1097**, Sp. 10 einzutragen **1**, Sp. 17 statt 19 **21**,
Sp. 18 statt 1 **3**, Sp. 34 nachzutragen Honig- u. Wachsfabrik.

„ **Vitzenburg**. S. 868/9. Sp. 1 statt Bhf. 3. Kl. Haltest. f. P. u. G., Sp. 32 einzutragen A,
Sp. 34 zuzusetzen Handelsmühle.

„ **Vlotho**. S. 868/9. Sp. 22 statt Privatbestätterei Bahnamtlich.

„ **Vörde*** (Bz. Arnsberg). S. 870/1. Sp. 23 einzutragen Sprengstoffe.

„ **Vohwinkel**. S. 872/3. Sp. 1 statt 6151 **6590**, Sp. 16 statt 24 **25**, Sp. 17 statt 81 **125**, Sp. 30
einzutragen Elberfeld, Sp. 34 nachzutragen Hammerwerk, Seiden- u. Sammetweberei,
Tapeten- u. Maschinenfabrik, Holzhandlung.

„ **Voigtstedt**. S. 872. Sp. 1 hinter Haltep. f. P. zuzusetzen u. G.

„ **Voldagsen**. S. 872/3. Sp. 34 zu streichen Saline.

„ **(Volme)***. S. 874/5. Sp. 1 zu streichen ( ), statt Volme Vollme und statt Haltest. f. P. u. G.
Bhf. 3. Kl., Sp. 23 einzutragen Sprengstoffe.

„ **Volksemenhusen***. S. 874/5. Sp. 23 zu streichen größere, zuzusetzen u. Sprengstoffe.

„ **Voorde**. S. 874/5. Zuzusetzen Sp. 23 u. Sprengstoffe, Sp. 35 Bohsee 7 km (L), Kirchbarkau
8 km (L); Sp. 35 bei Kl.-Flintbek statt 2 **3**, bei Böhnhusen statt 3 **4**.

„ **Vormwald***. S. 874/5. Sp. 23 zuzusetzen Sprengstoffe.

„ **Vorsfelde**. S. 876/7. Sp. 29 statt Vorsfelde Wolfenbüttel.

„ **Vorwohle**. S. 876. Sp. 17 statt 16 **17**.

Station **Wabern**. S. 878. Zu streichen Sp. 7 (selbst. Güter-Abf.-St.) 1, Sp. 19 1; Sp. 17 statt 32 **33**.

„ **Wäldchen**. S. 878/9. Zu streichen Sp. 14 **1**, Sp. 34 Zuckerfabrik in Michelwitz; Sp. 17
statt 10 **11**.

„ **Wahn**. S. 878/9. Sp. 17 statt 15 **13**, Sp. 20 einzutragen **1**, Sp. 34 nachzutragen Militär-
Schießplatz.

„ **Wahren**. S. 878/9. Zu streichen Sp. 23 Gepäck.

„ **Wahrenbrück**. S. 878/9. Sp. 35 einzutragen Bönitz 4 km (Ch), Zinsdorf 2 km (L).

„ **Waidmannslust**. S. 878. Sp. 21 einzutragen 1.

„ **Wakendorf**. S. 878/9. Sp. 23 nachzutragen u. Sprengstoffe.

„ **Waldau** (Oberlausitz). S. 880/1. Sp. 30 einzutragen Liegnitz.

„ **Waldböckelheim**. S. 880. Sp. 18 einzutragen 1.

„ **Waldkappel**. S. 882/3. Sp. 17 statt 24 **23**, Sp. 31 statt Fritzlar Cassel II.

„ **Waldowshof**. S. 882/3. Zu streichen Sp. 22 Privatbestätterei.

„ **Waldrach***. S. 882/3. Sp. 2 hinter Trier zuzusetzen r. M., Sp. 23 einzutragen Fahrzeuge.

„ **Wallau***. S. 882/3. Sp. 23 einzutragen Sprengstoffe.

„ **Wallmerod***. S. 882. Sp. 13 einzutragen 1.

„ **Walsrode***. S. 884. Sp. 1 statt 2216 **2451**, Sp. 17 statt 16 **15**, Sp. 18 statt 1 2; einzutragen
Sp. 10 **1**, Sp. 19 $\frac{1}{5000}$, Sp. 21 **1**.

„ **Wangenheim***. S. 886/7. Sp. 23 nachzutragen u. Fahrzeuge.

„ **Wankendorf**. S. 886/7. Sp. 1 statt 838 **900**, Sp. 17 statt 7 **9**, zuzusetzen Sp. 23 u. Sprengstoffe, Sp. 35 Bornhöved 5 km (Ch).

„ **Wanne**. S. 886. Sp. 7 (selbst. Fahrkarten-Ausg.-St.) einzutragen **1**, Sp. 15 statt 42 **44**, Sp. 17
statt 205 **252**, Sp. 18 statt 1 **2**.

„ **Wannsee**. S. 888/9. Sp. 17 statt 56 **58**, Sp. 26 statt Zehlendorf Düppel, bei der Anmerkung am
Fuße der S. †) ist statt der den und statt Direktion Direktionen zu setzen.

„ **Wansleben**. S. 888. Sp. 1 statt 800 **1200**.

Station **Waplitz** *. S. 838/9. Sp. 31 statt Allenstein Osterode i. Ostpr.

„ **Wapno** *. S. 838/9. Sp. 35 hinter Gollantsch zu streichen , Stadt,.

„ **Warden** *. S. 888. Sp. 17 einzutragen 1.

„ **Wargowo** *. S. 888. Sp. 1 statt 225 **2251**.

„ **Warschauer Straße**. 890/1. Sp. 1 statt Haltest. f. P. Bhf. 3. Kl., Sp. 31 zuzusetzen I u. II.

„ **Warstade-Hemmoor**. S. 890/1. Sp. 1 bei Warstade statt 500 **1600**, Sp. 17 statt 4 **8**, Sp. 21 zuzusetzen (schmalspurig), Sp. 26 zu streichen u. Hemmoor, Sp. 29 statt Neuhaus a. Oste Osten, Sp. 32 statt P A.

„ **Wartenburg i. Ostpr.** S. 890/1. Sp. 33 statt H U.

„ **Wartha**. S. 890. Sp. 17 statt 13 **14**.

„ **Wasbek** *. S. 890/1. Sp. 23 nachzutragen Sprengstoffe.

„ **Wasserleben**. 890. Sp. 17. statt 23 **29**.

„ **Wasserliesch**. S. 890. Sp. 2 statt Karthaus | Diedenhofen Coblenz | Metz.

„ **Wassermühle** *. S. 892/3. Sp. 23 einzutragen Gepäck.

„ **Wasserthalleben**. S. 892. Sp 1 statt Wasserthaleben Wasserthalleben.

„ **Watenstedt**. S. 892/3. Sp. 23 statt Vieh Kleinvieh und zuzusetzen u. Großvieh.

„ **Wattenscheid**. S. 892/3. Einzutragen Sp. 7 (selbst. Güter-Abf.-St.) **1**, Sp. 20 **1**; Sp. 17 statt 23 **37**, Sp. 27 und 29 statt Essen Bochum, Sp. 28 und 29 statt Gelsenkirchen Wattenscheid.

„ **Wedding**. S. 892/3. Sp. 23 vor Güter einzutragen Leichen, Vieh u. Fahrzeuge, sowie; Sp. 31 zuzusetzen I u. II.

„ **Weddinghusen** *. S. 892/3. Sp. 23 einzutragen Fahrzeuge u. Sprengstoffe.

„ **Weddingstedt** *. S. 892/3. Sp. 23 zuzusetzen u. Sprengstoffe.

„ **Wedel** *. S. 894/5. Sp. 23 einzutragen Sprengstoffe.

„ **Weeze**. S. 894. Sp. 17 statt 5 **6**.

„ **Wegberg**. S. 894/5. Sp. 10 einzutragen 8, Sp. 35 statt 5 **8**.

„ **Wehbach** *. S. 894/5. Sp. 23 einzutragen Sprengstoffe.

„ **Wehlau**. S. 896. Sp. 10 zu streichen 1.

„ **Weidenau**. S. 896/7. Sp. 23 einzutragen Sprengstoffe.

„ **Weilburg**. S. 896. Sp. 17 statt 1 **26**.

„ **Weilmünster**. S. 898. Sp. 17 statt 1 **7**.

„ **Weismes** *. S. 898. Sp. 18 einzutragen **1**.

„ **Weißenfels**. S. 898/9. Sp. 16 statt 20 **38**, Sp. 34 nachzutragen Schuhfabriken.

„ **Weißensee** b. Berlin. S. 900/1. Sp. 17 statt 28 **33**, Sp. 31 zuzusetzen I u. II.

„ **Weißenthurm**. S. 900/1. Die Station ist in Neuwied-Weißenthurm abzuändern, mithin an dieser Stelle zu streichen und nebst sämmtlichen Angaben hinter Neuwied (S. 596/7) einzuschalten, jedoch ist Sp. 20 statt 1 **2** zu setzen.

„ **Weiskirchen** (Taunus). S. 900. Sp. 17 statt 3 **2**.

„ **Weitmar**. S. 900/1. Sp. 17 statt 21 **22**, Sp. 27 statt Essen Bochum, Sp. 29 statt Essen u.

„ **Welkers** *. S. 902. Sp. 1 statt Haltest. Haltep.

„ **Welldorf** *. S. 902. Sp. 1 hinter Haltep. f. P. zuzusetzen u. G.

„ **Wellen a. Mosel**. S. 902/3. Sp. 2 statt Karthaus | Diedenhofen Coblenz | Metz, Sp. 17 statt 12 **16**, Sp. 21 statt 4 **5**, Sp. 32 statt P A.

„ **Welsau** *. S. 904/5. Sp. 34 zu streichen Dampfziegelei.

„ **Welschenennest**. S. 904/5. Sp. 34 nachzutragen Bleierzgrube, Tabak- u. Cigarrenfabrik.

„ **Windesheim** *. S. 904/5. Die Station ist nebst sämmtlichen Angaben an dieser Stelle zu streichen und auf S. 922/3 hinter Wincheringen einzuschalten.

Station **Wendisch-Linda.** S. 906. Sp. 1 statt Bhf. 3. Kl. Haltest. f. P. u. G.

„ **Wendisch-Warnow.** S. 906/7. Sp. 23 statt größere schwerwiegende und zuzusetzen u. Sprengstoffe.

„ **Wennemen.** S. 906. Sp. 17 statt 9 **15**, Sp. 21 zu streichen **1**.

„ **Werden.** S. 906. Sp. 5 statt II **I**, Sp. 17 statt 24 **23**.

„ **Werder** (Havel). S. 908. Sp. 17 statt 21 **17**.

„ **Wermelskirchen*.** S. 908. Sp. 17 statt 11 **23**, Sp. 19 zuzusetzen **7500 kg**.

„ **Wernshausen.** S. 908/9. Sp. 2 statt Schmalkalden Zella = St. Blasii; einzutragen Sp. 13 **1**, Sp. 17 **19** ††) u. als Anmerkung ††) Davon 4 der Königl. Eisenbahn-Direktion Erfurt, Sp. 18 **1**, Sp. 20 **1**, Sp. 21 **2**, Sp. 34 Kammgarnspinnerei, Papierfabrik, Dampffäge-werk, Sp. 35 Mittel-Schmalkalden 5 km (**Ch**), Schwallungen 5 km (**Ch**), Fambach 5 km (**Ch**), Herren-, Frauen- u. Alt-Breitungen 5 km (**Ch**), Truse u. Trusenhammer 10 km (**Ch**).

„ **Wernswig.** S. 910/1. Sp. 27 statt Caffel Marburg, Sp. 31 statt Marburg Caffel **II**.

„ **Wesel.** S. 910. Sp. 16 statt 29 **32**, Sp. 19 statt $\frac{2}{4000\ \text{kg}}$ $\frac{1}{5000\ \text{kg}}$

„ **Wesselburen.** S. 910/1. Sp. 1 hinter Wesselburen nachzutragen *, Sp. 5 statt Glückstadt Heide i. H., Sp. 23 einzutragen Sprengstoffe.

„ **Westend.** S. 910. Sp. 13 einzutragen **1**, Sp. 15 statt 10 **20**, Sp. 16 statt 29 **25**.

„ **Westerhüsen.** S. 912/3. Sp. 25 statt Westerhüsenau Westerhüsen.

„ **Westheim.** S. 912/3. Sp. 23 einzutragen Sprengstoffe.

„ **Westig*.** S. 912/3. Sp. 23 einzutragen Sprengstoffe.

„ **Westliche Kanalmündung.** S. 912/3. Die Station ist nebst sämmtlichen Angaben zu streichen.

„ **Wetter** (Ruhr). S. 912. Sp. 17 statt 21 **24**, Sp. 21 statt 6 **5**.

„ **Wetzlar.** S. 914/5. Sp. 15 statt 10 **12**, Sp. 17 statt 54 **63**, Sp. 35 nachzutragen Steindorf 3 km, Atzbach 6 km, Nauborn 3 km.

„ **Wiatrowo*.** S. 914/5. Sp. 35 statt Leugowo Lengowo.

„ **Wickede.** S. 914/5. Sp. 34 statt Chamotte- Cement-.

„ **Wiednitz.** S. 914/5. Sp. 35 statt Leiße Leipe, statt Gutteborn Guteborn.

„ **Wickischken*.** S. 916/7. Sp. 35 statt Kliszowen Kleszowen.

„ **Wiemelhausen*.** S. 916/7. Sp. 17 statt 5 **3**, Sp. 27 statt Essen Bochum, Sp. 29 statt Essen u.

„ **Wiesbaden** (Taunus = Bahnhof). S. 916. Sp. 5 zuzusetzen **I**, Sp. 15 statt 1 **10**, Sp. 17 statt 1 **31**.

„ **Wiesbaden** (Rhein-Bahnhof). S. 916. Sp. 5 zuzusetzen **I**, Sp. 13 statt 1 **2**, Sp. 17 statt 1 **36**.

„ **Wiesby.** S. 916/7. Sp. 1 hinter Wiesby zuzusetzen *, Sp. 23 einzutragen Sprengstoffe u. schwere Fahrzeuge.

„ **Wiesenburg.** S. 918. Sp. 19 statt 10000 **6000**.

„ **Wietstock*.** S. 918. Sp. 2 statt Gollnow Alt-Damm.

„ **Wildemann*.** S. 918. Sp. 20 zu streichen **1**.

„ **Wildpark.** S. 918/9. Sp. 22 statt Privatbestätterei Bahnamtlich.

„ **Wilhelmsbruch*.** S. 918. Sp. 1 zu streichen (Kgl. Oberförsterei) und statt 14 **16**.

„ **Wilhelmsburg** (Rangirbahnhof). S. 918. Einzutragen Sp. 6 **1**, Sp. 7 (selbst. Güter-Abf.-St.) **1**.

„ **Wilhelmsburg** Haltest. f. P. u. G. S. 920/1. Sp. 23 einzutragen Sprengstoffe.

„ **Wilhelmsfelde-Fiddichow.** S. 920. Sp. 17 statt 6 **8**.

„ **Wilhelmshöhe.** S. 920/1. Nachzutragen Sp. 34 Zündhölzer-, Wichse- u. Lederfettfabrik, Lack-fabrik, Holzhandlung in Wehlheiden, Sp. 35 Schloß u. Villen-Colonie Wilhelmshöhe 2 km (**Ch**).

Station **Wilhelmshütte*** (Lahn). S. 920/1. Sp. 23 einzutragen Sprengstoffe.

„ **Wilkieten**. S. 920/1. Sp. 28 statt Memel Pröfuls, Sp. 29 zu streichen u. U., zuzusetzen **A** Pröfuls, Sp. 35 statt Schilleninken Schilleningken.

„ **Willebadessen**. S. 920. Sp. 10 zu streichen **1**.

„ **Willich**. S. 920. Nachzutragen Sp. 5 **I**, Sp. 34 Dampfmühle; Sp. 17 statt 9 **8**.

„ **Wilmersdorf i. d. U.-M.** S. 922. Sp. 20 einzutragen **1**.

„ **Wilmersdorf-Friedenau**. S. 922. Sp. 17 statt 13 **24**.

„ **Wilwerath***. S. 922/3. Sp. 23 einzutragen Fahrzeuge.

„ **Winckeringen**. S. 922/3. Sp. 1 statt Bhf. 2. **3.**, Sp. 2 statt Karthaus | Diedenhofen Coblenz | Metz, Sp. 17 statt 5 **10**, Sp. 32 einzutragen **A**, Sp. 35 statt Bibzingen Bilzingen.

„ **Windfken***. S. 924/5. Sp. 4 statt Danzig Allenstein, Sp. 5 statt Elbing II Allenstein I, Sp. 33 zu streichen **R**.

„ **Winningen**. S. 924. Sp. 17 statt 6 **14**.

„ **Winsen a. Luhe**. S. 924/5. Sp. 1 statt 3368 **3336**, Sp. 13 einzutragen **1**, Sp. 33 statt U **S**.

„ **Wipperfürth***. S. 924. Sp. 17 statt 11 **10**.

„ **Wirges***. S, 924. Sp. 17 statt 7 **9**.

„ **Wirtheim**. S. 924/5. Sp. 1 statt 699 **674**, Sp. 28 u. 29 statt Gelnhausen Orb, Sp. 32 ein= zutragen **A**.

„ **Wischke***. S. 926/7. Sp. 5 zuzusetzen **I**, Sp. 34 einzutragen Kieslager.

„ **Wisserhof**. S. 926/7. Sp. 1 hinter Wisserhof zuzusetzen *, Sp. 17 statt 8 **7**, Sp. 34 einzutragen Eisensteingruben.

„ **Witten (B.-M.)** S. 926/7. Sp. 7 (selbst. Fahrk.-Ausg.-St.) einzutragen **1**, Sp. 15 statt 11 **23**, Sp. 16 statt 16 **18**, Sp. 17 statt 88 **86**, Sp. 19 zuzusetzen $\frac{2500}{kg}$, Sp. 21 statt 10 **9**, Sp. 27, 29 u. 30 statt Hagen Bochum.

„ **Witten (Rh.)***. S. 928/9. Sp. 23 einzutragen Bahnamtlich, Sp. 27 u. 29 statt Hagen Bochum.

„ **Wittenberg** (Bez. Halle). S. 928. Sp. 7 (selbst. Eilgut-Abf.-St.) einzutragen **1**.

„ **Wittenberge**. S. 928. Sp. 16 statt 48 **52**, Sp. 19 statt 2 **4** u. zuzusetzen $\frac{2}{750}$

„ **Witterschlick**. S. 928. Sp. 17 zu streichen **7**.

„ **Wittlich***. S. 928. Sp. 16 statt 2 **1**, Sp. 17 statt 18 **16**.

„ **Wittmund***. S. 928/9. Einzutragen Sp. 34 Holzhandlung, Sp. 35 Tettens 10 km (L), Abens 4 km (L) u. bei Carolinensiel statt 7 **13**.

„ **Witzenhausen**. S. 930/1. Sp. 22 vor Privatbestätterei einzutragen Bahnamtliche u.

„ **Wörblitz***. S. 930/1. S. 23 zuzusetzen u. Fahrzeuge.

„ **Woinowitz**. S. 930. Sp. 17 statt 11 **10**.

„ **Woldenberg**. S. 930/1. Sp. 22 statt Privatbestätterei Bahnamtlich.

„ **Wolfenbüttel**. S. 930. Sp. 17 statt 69 **64**.

„ **Wolfgangweiche**. S. 932. Sp. 2 bei Morgenroth zuzusetzen (Zweigbahn), Sp. 21 statt 4 **1**.

„ **Wolfsgefärth**. S. 932. Sp. 1 statt Bhf. 2. Kl. Haltest. f. P. u. G., Sp. 17 statt 17 **8**; zu streichen Sp. 1 ††) nebst der zugehörigen Anmerkung, Sp. 13 1°), Sp. 14 1°), Sp. 15 1°) mit der zugehörigen Anmerkung.

„ **Wolgast***. S. 932. Sp. 19 statt 2 **1** u. zu streichen **5000**.

„ **Wolittnick**. S. 932/3. Zu streichen Sp. 5 **I**, Sp. 33 **R**.

„ **Wolkramshausen**. S. 932. Sp. 1 statt 750 **800**.

„ **(Woltersdorf*)**. S. 934/5. Sp. 1 zu streichen ( ), einzutragen Sp. 22 Privatbestätterei, Sp. 23 Fahrzeuge u. Sprengstoffe.

„ **Woltwiesche**. S. 934. Sp. 17 statt 2 **3.**

Station **Wongrowitz***. S 934. Sp. 11 zu streichen **1**.

„ **Wormditt***. S. 934/5. Sp. 33 statt S **U**.

„ **Woyens**. S. 936. Sp. 17 statt 25 **26**.

„ **Wreschen**. S. 936/7. Sp. 16 statt 2 **3**, Sp. 17 statt 34 **37**, Sp. 34 zu streichen in Zawodzie, Dialczyce und Sokolnik, sowie in Zarniki.

„ **Wrexen**. S. 936/7. Sp. 23 einzutragen Sprengstoffe.

„ **Wriß**. S. 936/7. Sp. 17 statt 28 **19**, Sp. 23 einzutragen Sprengstoffe u. größere Fahrzeuge.

„ **Wroßlawken***. S. 936/7. Sp. 17 statt 7 **9**, Sp. 23 einzutragen Vieh.

„ **Wülfrath***. S. 938/9. Sp. 17 statt 8 · **9**, Sp. 18 statt 2 **1**, Sp. 21 statt 1 **3**, Sp. 28 und 29 statt Essen Mettmann, Sp. 34 einzutragen Ziegeleien, Kalkbrennerei, Weberei mit Dampfbetrieb, Brennereien.

„ **Würgendorf**. S. 938. Sp. 1 statt Haltep. Haltest.

„ **Wulfen i. W.** S. 938/9. Sp. 2 statt Dorsten Quakenbrück, Sp. 17 einzutragen **6**, Sp. 18 statt 5 **1**, Sp. 19 zu streichen **1**, Sp. 27 und 29 statt Münster i. W. Essen, einzutragen Sp. 33 **I**, Sp. 35 Lippramsdorf 7 km (**Ch**).

„ **Wulfen (Anhalt)**. S. 940. Sp. 20 einzutragen **1**.

„ **Wulffen***. S. 940/1. Sp. 23 zuzusetzen u. Sprengstoffe, Sp. 34 einzutragen Ziegelei, Geflügelzucht- u. Mastanstalt.

„ **Wulften**. S. 940. Sp. 17 statt 14 **15**.

„ **Wulka***. S. 940/1. Sp. 23 zuzusetzen u. Fahrzeuge.

„ **Wunstorf**. S. 940. Sp. 17 statt 70 **72**, Sp. 19 statt 12700 **2700**.

„ **Wutike***. S. 942/3. Sp. 23 einzutragen Sprengstoffe.

Station **Babikowo**. S. 944. Sp. 17 einzutragen **5**, Sp. 18 zu streichen **5**.

„ **Zabrze** Bhf. 1. Kl. S. 944/5. Sp. 23 einzutragen Sprengstoffe.

„ **Zabrze (Koksanstalt)**. S. 944/5. Sp. 23 zuzusetzen Sprengstoffe.

„ **Zahna**. · S. 944/5. Sp. 17 statt 18 **17**, Sp. 29 statt Zahna Wittenberg.

„ **Zanfoch**. S. 944/5. Sp. 35 bei Lipke statt 5 **11** und statt (L) (**Ch**), bei Guscht statt 5 **17** und statt (L) (**Ch**); zuzusetzen Pollychen 3 km (**Ch**).

„ **Barnekanz**. S. 946/7. Sp. 5 zuzusetzen i. Pom., Sp. 23 vorzusetzen Fahrzeuge, Sp. 31 statt Cöslin Belgard.

„ **Zechau***. S. 946/7. Sp. 35 statt Bonganitz Bojanice.

„ **(Zebdenick)***. S. 946/7. Sp. 1 zu streichen ( ); einzutragen Sp. 22 Privatbestätterei, Sp. 23 Fahrzeuge u. Sprengstoffe.

„ **Zeischa**. S. 948. Sp. 17 statt 1 **3**.

„ **Zeitz**. S. 948/9. Sp. 16 statt 2 **1**, Sp. 17 statt 65 **89**, Sp. 26 einzutragen Zeitz, Sp. 33 statt H S **S**, Sp. 34 nachzutragen Seifenfabrik.

„ **Zella-Mehlis**. S. 948/9. Sp. 1 statt Zella-Mehlis Zella-St. Blasii und zu streichen hinter Bhf. 2. Kl. Zella-St. Blasii, sowie Mehlis 3185 E., Sp. 18 statt 1 **2**, Sp. 35 zu streichen Altersbach 24 km (**Ch**), Beushausen 7 km (**Ch**), Herges Hallenberg 14 km (**Ch**), Oberschönau 24 km (**Ch**), Rotterode 19 km (**Ch**), Unterschönau 22 km (**Ch**), Viernau 12 km (**Ch**), sowie statt Bremsbach Bermbach.

„ **(Zeppernick*)**. S. 950/1. Sp. 1 zu streichen ( ), einzutragen Sp. 22 Privatbestätterei, Sp. 23 Fahrzeuge u. Sprengstoffe.

„ **Zerf***. S. 950. Sp. 17 statt 9 **10**.

„ **Zernitz**. S. 950/1. Sp. 34 einzutragen Stärkefabrik.

„ **Zerrenthin**. S. 950. Sp. 17 einzutragen **2**.

Station Bewen*. S. 950. Sp. 20 vor Trier l. M. zu setzen Ehrang.

„ Biegenhain. S. 950. Sp. 1 statt 1700 **1900**, Sp. 13 zu streichen **1**.

„ Biegenhals*. S. 952. Sp. 16 zu streichen **1**, Sp. 17 statt 28 **35**.

„ Bielitz. S. 952/3. Sp. 23 statt Frachtgut Güter.

„ Bitzewitz. S. 954. Sp. 5 statt Stolp II Cöslin.

„ Bnin*. S. 954/5. Sp. 35 nachzutragen Birkenfeld 9 km (Ch), Hedwigshorst 15 km (Ch), Jablowo 13 km (Ch), Venecia 9 km (Ch).

„ Bobten*. S. 954/5. Sp. 22 zu streichen Privatbestätterei, Sp. 23 einzutragen Sprengstoffe.

„ Bollhaus*. S. 954. Sp. 17 statt 1 **11**.

„ Bossen. S. 956/7. Sp. 33 statt U S.

„ Bschakau. S. 956/7. Sp. 17 statt 10 **16**, Sp. 35 statt Pristewitz Triestewitz.

„ Bscherben. S. 956/7. Sp. 23 einzutragen Stückgüter, Fahrzeuge, Vieh.

„ Buckau*. S. 958/9. Sp. 33 zu streichen **R**.

„ Buckerfabrik*. S. 958. Sp. 2 einzutragen Euskirchen | Münstereifel.